BIM建模及应用

主　编　胡建平　宋劲军

副主编　谢昭旭　黎晓东　任楚超　尹六寓

　　　　吕海霞　姚赛芳　关杰烽　梁嘉文

　　　　林宏粤　陈国志

主　审　邓兴龙

北京理工大学出版社

BEIJING INSTITUTE OF TECHNOLOGY PRESS

内 容 提 要

本书以小别墅案例讲解为主线，精心组织安排了各章节的内容，在编排上力求做到由浅入深，循序渐进，以图片对照文本框的形式，详细、系统地介绍了 Revit 建筑、结构以及设备三大专业的各种功能命令的使用方法，同时结合实际案例讲解了很多实战操作技巧。本书共分为5章，主要内容包括 Revit 概述、Revit 结构、Revit 建筑、Revit MEP 和案例展示。

本书可作为高等院校建筑类相关专业的 BIM 教学用书，也可作为建筑工程类企业技术人员 BIM 技术基础自学用书，还可以作为 Autodesk Revit 培训课程的配套教材。

图书在版编目（CIP）数据

BIM建模及应用 / 胡建平，宋劲军主编.—北京：北京理工大学出版社，2020.3
ISBN 978-7-5682-8249-9

Ⅰ.①B… Ⅱ.①胡… ②宋… Ⅲ.①建筑设计－计算机辅助设计－应用软件 Ⅳ.①TU201.4

中国版本图书馆CIP数据核字（2020）第041869号

出版发行 / 北京理工大学出版社有限责任公司
社　　址 / 北京市海淀区中关村南大街 5 号
邮　　编 / 100081
电　　话 / （010）68914775（总编室）
　　　　　（010）82562903（教材售后服务热线）
　　　　　（010）68948351（其他图书服务热线）
网　　址 / http：//www.bitpress.com.cn
经　　销 / 全国各地新华书店
印　　刷 / 天津久佳雅创印刷有限公司
开　　本 / 787 毫米 ×1092 毫米　1/16
印　　张 / 15
字　　数 / 337 千字
版　　次 / 2020 年 3 月第 1 版　2020 年 3 月第 1 次印刷
定　　价 / 75.00 元

责任编辑 / 钟　博
文案编辑 / 钟　博
责任校对 / 周瑞红
责任印制 / 边心超

图书出现印装质量问题，请拨打售后服务热线，本社负责调换

前言
:::Preface

  BIM（建筑信息模型）技术是近几年来国内外工程建设行业的一场技术革命，将成为未来工程技术人员的必备技能之一，因此，众多业主、设计机构、施工单位都将 BIM 人才的培养和引进作为未来企业人力资源的重要工作之一。为适应工程建设领域对 BIM 技能人才的迫切需求，以及高等院校 BIM 技术课程与 BIM 应用型人才的培养要求，由校企合作组织编写了本书。

  Revit 是由 Autodesk 公司开发的最流行 BIM 软件之一。通过采用 BIM，设计、施工、运维相关单位可以在整个流程中使用一致的信息协同设计和绘制创新项目，还可以通过精确实现建筑外观的可视化来支持更好的沟通，模拟真实性能以便让项目各方了解成本、工期进度与运维管理。

  本书遵照高等教育"实际、实用、实践""会用、能用、管用"原则，以项目为导向，以案例实操为主线，精心组织安排了各章节的内容。本书在编排上力求做到由浅入深，循序渐进，以图片对照文本框的形式，详细、系统地介绍了 Revit 建筑、结构以及设备三大专业的各种功能命令的使用方法，同时结合实际案例讲解了很多实战操作技巧。书中除章节后的小练习外，书末还配有五套完整的 Revit 建模练习，可供读者学完本书后练习巩固知识点。

  本书由胡建平、宋劲军担任主编，由谢昭旭、黎晓东、任楚超、尹六寓、吕海霞、姚赛芳、关杰烽、梁嘉文、林宏粤、陈国志担任副主编，由胡建平担任统稿，邓兴龙担任主审。本书配套教学资源包主要包括电子教案、样板文件、模型文件、AutoCAD 图纸、教学课件等，读者可访问链接：https://pan.baidu.com/s/1v0ujV0QIP_5FfT3cp_rFhw（提取码：txz9），或扫描右侧的二维码进行下载。

　　由于编写时间及编者水平有限，虽经反复斟酌修改，书中仍难免有疏漏和不妥之处，还请广大读者谅解并指正，以期再版时修订，在此深表谢意。

编　者

目录

Contents :::

第一章 Revit 概述 ·· **001**

第一节 BIM 概述与 Revit 介绍 ········· 002

第二节 用户界面与基本功能介绍 ········· 004

第三节 项目与视图设置 ········· 010

第二章 Revit 结构 ·· **016**

第一节 标高与轴网 ········· 017

第二节 图元创建入门 ········· 026

第三节 楼板和屋顶 ········· 048

第三章 Revit 建筑 ·· **058**

第一节 建筑墙的创建 ········· 059

第二节 门、窗和其他构件 ········· 069

第三节 楼梯、坡道和栏杆 ········· 078

第四节 房间的创建 ········· 088

第五节 图纸与明细表的创建 ········· 094

第六节 Revit 建筑与结构综合练习 ········· 106

第四章 Revit MEP ·· **121**

第一节 协同合作 ········· 122

第二节 MEP 系统 ········· 131

第三节 电气系统 ········· 138

第四节 管道系统 ········· 157

第五节 机械系统 ········· 179

第六节 Revit MEP 练习 ········· 196

第五章　案例展示………………………………………………… **199**

　　第一节　博物馆案例模型　………………………………… 200

　　第二节　独栋别墅住宅案例模型　………………………… 204

　　第三节　机电房设备模型　………………………………… 208

附录　Revit 软件界面各图标的作用及常用快捷方式………………**213**

参考文献……………………………………………………………**216**

CHAPTER

01

第 一 章

Revit 概述

第一节 | BIM 概述与 Revit 介绍

一、BIM 概述

BIM 是 Building Information Modeling 的缩写,即建筑信息模型,它是以三维数字技术为基础,集成了建筑工程项目各种相关信息的工程数据模型。BIM 是对工程项目设施实体与功能特性的数字化表达。一个完善的信息模型,能够连接建筑项目生命周期不同阶段的数据、过程和资源,是对工程对象的完整描述,可被建设项目各参与方普遍使用。

BIM 的关键是信息,结果是模型,重点是协作,工具是软件。其具有可视化、协调性、模拟性、优化性和可出图性五大特点(图 1.1-1),并且利用模型信息准确、全面,同时更新高效的特点来帮助设计方、施工方、业主方、监理方强化对工程的管控。

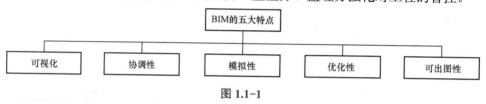

图 1.1-1

Autodesk 公司将其提出的 BIM 概念应用到了 Revit 系列软件的开发当中。Revit 系列软件是专为 BIM 构建的,可帮助建筑设计师设计、建造和维护建筑,使其质量更好、能效更高(图 1.1-2)。三维图形支撑平台是 BIM 建模以及基于 BIM 相关产品的底层支撑平台,其在数据容量、显示速度、模型建造和编辑效率、渲染速度和质量等方面可满足 BIM 应用的各种支撑需求。

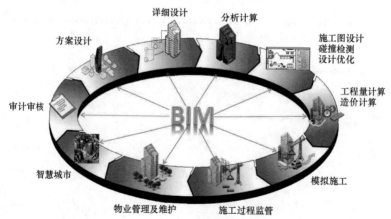

图 1.1-2

BIM 是以设计、施工运营的协调、可靠的项目信息为基础构建的集成流程。通过采用 BIM,建筑公司可以在整个流程中使用一致的信息来设计和绘制创新项目,还可以通过精确实现建筑外观的可视化来支持更好的沟通，模拟真实性能，以便让项目各参与方了解成本、工期与环境影响。

BIM 技术对产业链中的投资方、设计方、建设方、运维方均有很强的实用价值，这里主要针对建筑施工企业在工程施工全过程对关键价值进行描述。建设工程项目是一个复杂的、综合的经营活动，其具有参与方多、生命周期长、使用软件产品杂等特点。从设计的层面上讲，由传统的手工制图转为 CAD 制图能为设计人员减轻负担，使设计人员能够在设计的过程中沟通、表达设计意图。传统的设计思路是建筑师既要制作模型，又要绘制图纸，BIM 则采用与之前截然不同的表达形式，作为建筑师、设计师、施工人员的沟通工具，BIM 可以弥补相互之间的不足，促使整个工程的项目管理信息化，提升项目生产效率，提高建筑工程质量，缩短工期，降低建造成本。

BIM 在建筑施工企业工程施工全过程中的关键价值包括：虚拟施工、方案优化；碰撞检查、减少返工；形象进度、4D 模拟；精确算量、成本控制；现场整合、协同工作；数字化加工、工厂化生产；可视化建造、集成化交付（IPD），如图 1.1-3 所示。

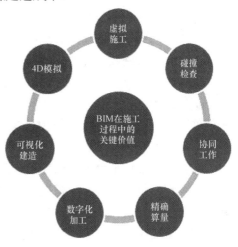

图 1.1-3

BIM 技术在欧美等国家的发展态势以及应用水平已经达到了一定程度，而如今中国 BIM 行业的发展也是如火如荼，在政府的大力推行下，为了提高建设行业的信息化水平，促进产业的升级，很多工程都采用了 BIM 技术。

BIM 技术的出现可谓工程建设行业的第二次革命，BIM 技术的快速发展超出了很多人的想象。BIM 不仅是一种信息化技术，而且已经开始影响建筑施工企业的整个工作流程，并对企业的管理和生产起到变革作用。随着越来越多的行业从业者关注和实践 BIM 技术，BIM 技术必将发挥更大的价值，带来更多的效益。

二、Revit 软件介绍

Revit 软件是 Autodesk 公司 BIM 系列软件的全新升级产品，旨在增进 BIM 流程在行业中的应用。Revit 软件是专为 BIM 构建的，是目前进行建筑信息模型设计的主流软件，可帮助建筑设计师设计、建造和维护质量更好、能效更高的建筑。

Revit 软件为用户提供支持建筑设计、结构工程和 MEP 工程（MEP 是 Mechanical，Electrical & Plumbing 的缩写，即机械、电气、管道 3 个专业的英文缩写）设计的工具。Revit 软件可以按照建筑师和设计师的思考方式进行设计，因此可以提供更高质量、更加精确的建筑设计。强大的建筑设计工具可捕捉和分析概念，保持从设计到建筑各个阶段的一致性。

Revit 软件为结构工程师和设计师提供了工具，可以更加精确地设计和建造高效的建筑结构。其采用智能模型，通过模拟和分析深入了解项目，并在施工前预测性能。使用智能模型中固有的坐标和一致信息，可提高文档设计的精确度。

利用 Revit 软件全面创新的概念设计功能所带来的易用工具，可进行自由形状建模和参数化设计，并且还能够对早期设计进行分析。借助这些功能，可以应用软件自由绘制草图，快速创建三维形状，交互地处理各个形状；可以利用内置的工具进行复杂形状的概念澄清，为建造和施工准备模型。随着设计的持续推进，Revit 软件能够围绕最复杂的形状自动构建参数化框架，并提供更高的创建控制能力、精确度和灵活度。从概念模型到施工文档的整个设计流程都在一个直观环境中完成。

使用 Revit 软件可以导出各建筑部件的三维设计尺寸和体积数据，为概、预算提供资料，资料的准确程度同建模的精确度成正比；在精确建模的基础上，用 Revit 软件建模生成的平面图、立面图完全对应起来，图面质量受人的因素影响很小；其他软件只能解决一个专业的问题，而 Revit 软件能解决多个专业的问题。Revit 软件不仅有建筑、结构、设备，还有协同、远程协同、带材质输入到 3DMax 的渲染、云渲染、碰撞分析、绿色建筑分析等功能；Revit 软件具有强大的联动功能，平、立、剖面，明细表双向关联，一处修改，处处更新，自动避免低级错误；采用 Revit 软件设计可节省成本、减少设计变更、缩短工程周期。

在数字化设计平台上，设计不仅能保持三维空间及其信息的完整性和连续性，运用参数化控制三维模型，还能根据需要控制模型的技术表达深度，准确地设置墙、楼板、门窗和幕墙等建筑构件的材料与结构等参数。其既可以进行照片级的渲染及动画演示，完全模拟建筑建造的过程，还可以准确模拟建筑的日照情况以及进行其他物理分析。

Revit 软件能按工程师的思维方式工作，通过数据驱动的系统建模和设计来优化建筑设备与管道专业工程。它可以最大限度地减少设备专业设计团队之间，以及与建筑师和结构工程师之间的协调错误。

第二节 用户界面与基本功能介绍

本节概念性地介绍 Revit 软件的基本构架，使读者初步熟悉 Revit 软件的用户界面和一些基本操作命令工具，掌握 Revit 软件作为一款建筑信息模型软件的基本应用特点。

一、用户界面

启动 Revit 软件，进入"项目"选项，样板主要包括构造样板、建筑样板、结构样板和机械样板，选择需要绘制的模板类型进行绘制，如图 1.2-1 所示。打开"建筑样例项目"文件，进入 Revit 软件的项目查看与编辑状态，其界面如图 1.2-2 所示。

图 1.2-1

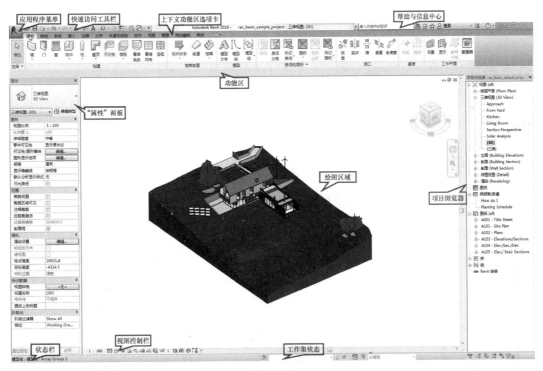

图 1.2-2

二、基本功能介绍

1. 应用程序菜单

应用程序菜单提供对常用文件的操作，例如"新建""打开"和"保存"，可以使用更高级的工具（如"导出"和"发布"）来管理文件。单击 按钮打开应用程序菜单。

（1）设置快捷键。通过使用预定义的快捷键或添加自定义的组合键可以提高效率（图 1.2-3），一个工具可指定多个快捷键，需要注意的是，某些快捷键是系统保留的，无法指定给 Revit 工具。

功能区、应用程序菜单或关联菜单上的工具，快捷键会显示在工具提示中。如果某工具有多个快捷键，则在工具提示中显示第一个快捷键。

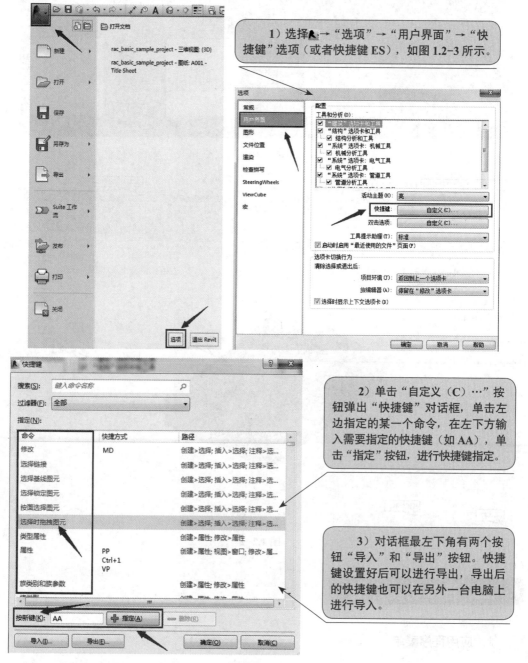

图 1.2-3

（2）更换绘图区背景颜色。打开图1.2-3所示的"选项"对话框，切换至"图形"选项卡，在"颜色"选项区域单击"背景"后边的颜色按钮，系统弹出"颜色"对话框，用户可更换成自己想要的背景颜色，如图1.2-4所示。用同样的方法，用户可以修改"选择""预先选择""警告"的颜色。

2. 快速访问工具栏

图1.2-2所示的快速访问工具栏包含一组默认工具，用户可以对该工具栏进行自定义，使其显示最常用的工具。单击快速访问工具栏后的向下箭头，系统将弹出下拉式菜单，如图1.2-5所示。

图1.2-4   图1.2-5

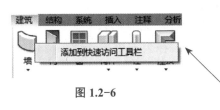

图1.2-6

如果要向快速访问工具栏中添加功能区的按钮，则需在功能区中找到想添加到快速访问工具栏的功能→单击鼠标右键→单击"添加到快速访问工具栏"按钮，即可将功能区的按钮添加到快速访问工具栏中默认命令的右侧，如图1.2-6所示。

3. 项目浏览器

单击"视图"选项卡→"窗口"面板→"用户界面"下拉列表→"项目浏览器"选项，如图1.2-7（a）所示，或在应用程序窗口中的任意位置单击鼠标右键，然后单击"浏览器"→"项目浏览器"选项，如图1.2-7（b）所示，系统将弹出"项目浏览器"对话框，如图1.2-8所示，该对话框可用于显示当前项目中的所有视图、明细表、图纸、组合等其他部分的逻辑层次，当展开和折叠各分支时，将显示下一层项目。

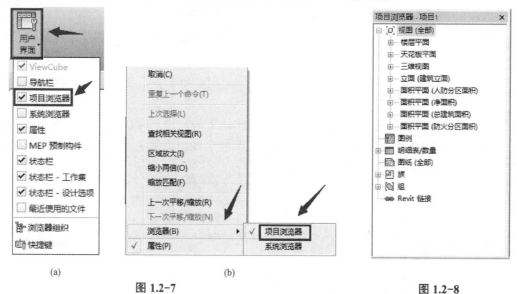

(a)　　　　　　　　　　(b)

图 1.2-7　　　　　　　　　　　　　　图 1.2-8

4. 属性

（1）打开"属性"面板。第一次启动 Revit 软件时，"属性"面板处于打开状态并固定在绘图区域左侧、项目浏览器的上方。如果"属性"面板被关闭，则可以使用下列任一方法重新打开：

1）单击"修改"选项卡→"属性"面板→"属性"选项，如图 1.2-9 所示。

2）单击"视图"选项卡→"窗口"面板→"用户界面"下拉列表→"属性"选项。

3）在绘图区域中单击鼠标右键并单击"属性"选项。

图 1.2-9

（2）"编辑类型"按钮。单击"编辑类型"按钮将弹出"类型属性"对话框，该对话框用来查看和修改选定图元或视图的类型属性（具体取决于属性过滤器的设置方式），若选择两个或两个以上的图元，则"编辑类型"按钮为灰显。

（3）实例属性。"属性"面板既显示可编辑的实例属性，又显示只读（灰显）的实例属性。实例属性可用于从几何图形条件中提取值，然后在公式中报告此值或用作明细表参数。

5. 状态栏

状态栏会提供有关将要执行操作的提示。高亮显示图元或构件时，状态栏会在应用程序窗口底部显示族和类型的名称，如图 1.2-10 所示。当打开较大的文件时，进度栏显示在状态栏左侧，用于指示文件的打开进度，如图 1.2-11 所示。

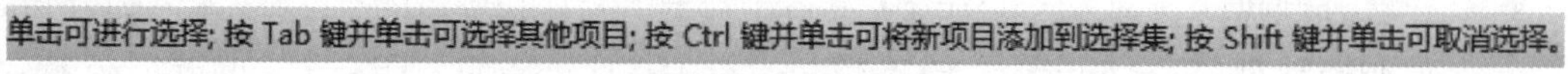

单击可进行选择; 按 Tab 键并单击可选择其他项目; 按 Ctrl 键并单击可将新项目添加到选择集; 按 Shift 键并单击可取消选择。

008

图 1.2-10

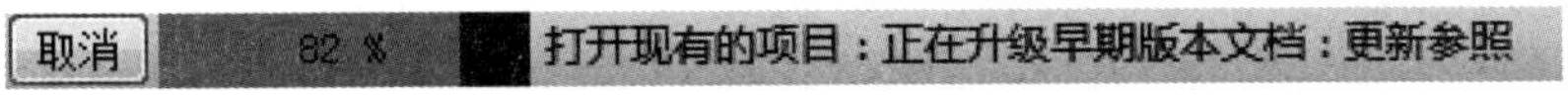

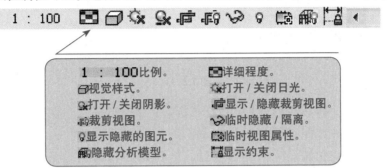

图 1.2-11

6. 视图控制栏

通过视图控制栏可以快速访问影响当前视图设置的功能，如图 1.2-12 所示。

1 : 100比例。 详细程度。
视觉样式。 打开 / 关闭日光。
打开 / 关闭阴影。 显示 / 隐藏裁剪视图。
裁剪视图。 临时隐藏 / 隔离。
显示隐藏的图元。 临时视图属性。
隐藏分析模型。 显示约束。

图 1.2-12

7. 上下文功能区选项卡

使用一些工具或者选择图元时，上下文功能区选项卡中会切换到与该工具或图元相关的选项，如单击“墙”工具将会显示“修改 | 放置　墙”的上下文功能区选项卡，其中显示多个面板，如图 1.2-13 所示。

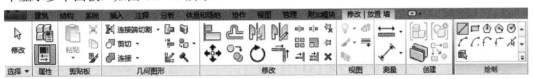

图 1.2-13

选择：包括修改工具
属性：包括类型属性和属性工具
剪切板：包括复制、粘贴等工具
几何图形：包括剪切、连接、拆除、填色等工具
修改：包括对齐、偏移、镜像、移动、复制、旋转等工具
视图：包括置换图元、线处理等工具
测量：包括测量距离、尺寸标注等工具
创建：包括创建零件、创建部件、创建组、创建类似等工具
绘制：包含绘制墙草图所必需的绘图工具
退出该工具的时候，上下文功能区选项卡也会随之关闭。

8. 全导航控制盘

全导航控制盘包含用于查看对象和巡视建筑的常用三维导航工具，如图 1.2-14 所示，全导航控制盘（大）和全导航控制盘（小）经优化可适合有经验的三维用户使用。

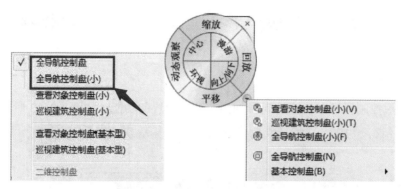

图 1.2-14

显示其中一个全导航控制盘时，按住鼠标滚轮可进行平移，滚动鼠标滚轮可进行放大和缩小，同时按住 Shift 键和鼠标滚轮可对模型进行动态观察。

切换到全导航控制盘（大）：在控制盘上单击鼠标右键，然后选择"全导航控制盘"或"全导航控制盘（小）"选项。

9. ViewCube

ViewCube 工具是一种可单击、可拖动的常驻界面的三维导航工具，可以用它在模型的标准视图和等轴测视图之间进行切换，还可以方便地返回自己熟悉的视图，如图 1.2-15 所示。若想自由控制视角位置也可按住 Shift 键和鼠标滚轮实现操作。

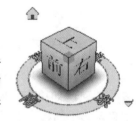

图 1.2-15

第三节　项目与视图设置

本节帮助读者认识 Revit 软件，并掌握基本的图形浏览与控制方法。本节主要围绕项目的基本设置、视图的规程和范围进行详细讲解。

一、项目设置

在 Revit 软件中，所有的设计模型、视图及信息都存储在一个后缀名为".rvt"的 Revit 项目文件中。项目文件包括设计所需的全部信息，如建筑三维模型，平面、立面、剖面及节点视图，各种明细表，施工图纸，以及其他相关信息。

（1）使用 Revit 软件列出的样板创建项目所需的样板，以选定的样板作为起点，创建一个新项目，如图 1.3-1 所示。

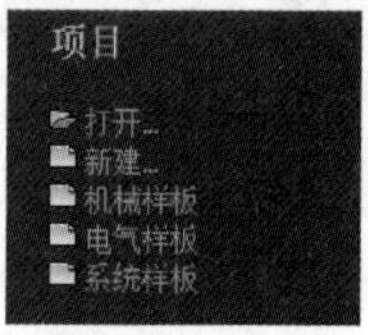

（2）使用系统自带的其他样板创建项目，其步骤如下：

1）单击"新建"按钮，系统弹出"新建项目"对话框。

图 1.3-1

2）在"新建项目"对话框的"样板文件"列表中选择样板，如图1.3-2所示，或单击"浏览"按钮，系统会弹出"选择样板"对话框（图1.3-3），在对话框中定位到所需的样板（".rte"文件），然后单击"打开"按钮，系统返回"新建项目"对话框。

图 1.3-2

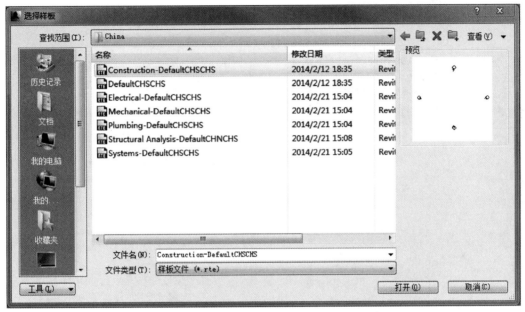

图 1.3-3

3）在"新建项目"对话框中单击"确定"按钮，系统将使用选定的样板作为起点，创建一个新的项目，如图1.3-4所示。

Revit 软件提供了多种项目样板文件，这些项目样板文件位于"C:\ProgramData\Autodesk\RVT2016\Templates\China"。

（3）使用默认设置创建项目。单击"新建"按钮，如图1.3-1所示；在"新建项目"对话框的"样板文件"文本框中选择合适的样板，单击"确定"按钮，如图1.3-5所示。

图 1.3-4

图 1.3-5

011

Revit 软件可以指定各种数值的显示格式，指定的格式将影响数值在屏幕上和打印输出的外观。设置步骤如图 1.3-6 所示。

（a）

1）单击"格式"列中的数值以修改该单位类型的显示值［图 1.3-6（b）］，系统弹出"格式"对话框（按照项目需求，选择合适的单位），如图 1.3-6（c）所示。

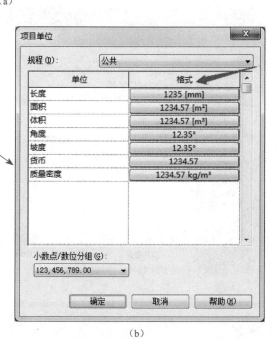

（b）

2）在相应的"格式"对话框中选择一个合适的数值作为"舍入"，确定小数位的值。如果选择了"自定义"选项，请在"舍入增量"文本框中输入一个值，如图 1.3-6（c）所示。

（c）

图 1.3-6

3）在"单位符号"下拉列表中选择合适的选项作为单位符号，如图1.3-6（d）所示。

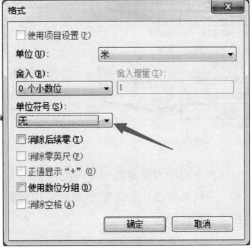

（d）

4）可以选择：消除后续零；消除零英尺；正值显示"+"；使用数位分组；消除空格，如图1.3-6（e）所示。

①消除后续零。选择此选项时，将不显示后续零（例如，123.400 将显示为123.4）。

②使用数位分组。选择此选项时，在"项目单位"对话框中指定的"小数点 / 数位分组"选项将应用于单位值。

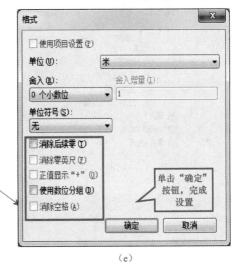

单击"确定"按钮，完成设置

（e）

图 1.3-6（续）

二、视图设置

1. 视图规程

图 1.3-7

根据各专业的需求，Revit 软件提供了 6 种规程，分别是"建筑""结构""机械""电气""卫浴""协调"（图 1.3-7），规程决定着项目浏览器中视图的组织结构以及显示状态。"协调"选项兼具"建筑"和"结构"选项功能。

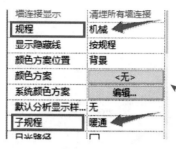

图 1.3-8

> 当打开机械样板时，属性面板中除了"规程"外，还有一个"子规程"（含"暖通""卫浴""照明""电力"），如图 1.3-8 所示。

规程对应项目浏览器中的视图，如图 1.3-9（a）所示，子规程对应视图，如图 1.3-9（b）所示。在机械样板中如果想添加对应规程的平面视图，只需在"属性"面板中修改对应的规程或子规程即可。

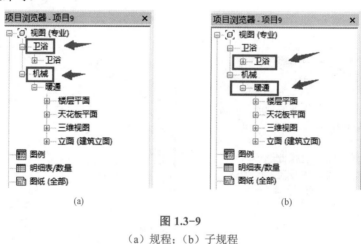

（a） （b）

图 1.3-9

（a）规程；（b）子规程

2. 视图范围

每个平面和天花板投影平面视图都有"视图范围"属性，该属性也称为可见范围，如图 1.3-10 所示。单击"视图范围"后的"编辑"按钮，系统会弹出"视图范围"对话框，如图 1.3-11 所示。

图 1.3-10

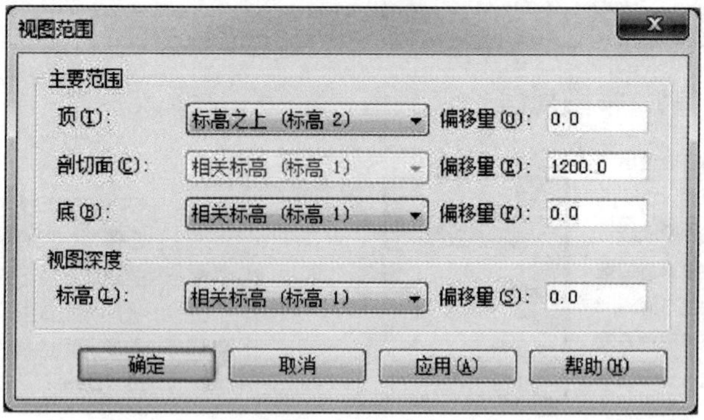

图 1.3-11

视图主要范围由顶部平面、剖切面、底部平面 3 部分组成。顶部平面和底部平面用于控制视图范围最顶部和最底部位置；剖切面是确定视图中某些图元可视剖切高度的平面（一般设置为 1 200）。视图深度是视图主要范围外的附加平面，可以设置视图深度的标高，以显示位于底裁剪平面之下的图元。默认情况下视图深度与底裁剪平面重合。视图主要范围的底不能超过视图深度的设置范围。

图 1.3-12 所示为立面显示平面视图的视图范围。

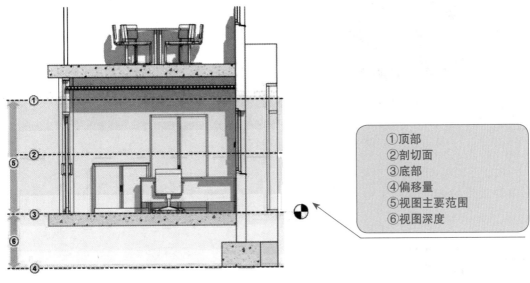

①顶部
②剖切面
③底部
④偏移量
⑤视图主要范围
⑥视图深度

图 1.3-12

楼层平面的"实例属性"对话框中的"范围"栏可以对裁剪进行相应设置，如图 1.3-13 所示，只有将裁剪视图在平面视图中打开，裁剪区域才有效。若需要调整，在视图控制栏同样可以控制裁剪区域的可见及裁剪视图的开启及关闭，如图 1.3-14 所示。

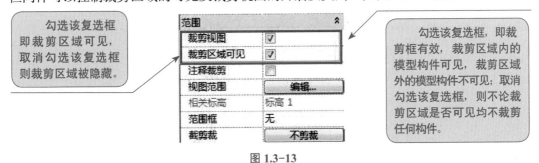

勾选该复选框即裁剪区域可见，取消勾选该复选框则裁剪区域被隐藏。

勾选该复选框，即裁剪框有效，裁剪区域内的模型构件可见，裁剪区域外的模型构件不可见；取消勾选该复选框，则不论裁剪区域是否可见均不裁剪任何构件。

图 1.3-13

裁剪视图与裁剪区域的控制按钮如图 1.3-14 所示。两个按钮均控制裁剪框，但不相互制约，裁剪区域可见或不可见均可设置为有效或无效。

图 1.3-14

015

CHAPTER

02

第二章

Revit 结构

第一节 标高与轴网

Revit 软件提供了标高工具用于创建项目的标高。按照 Revit 软件的绘图步骤，接下来绘制标高，本项目以本书案例"小别墅"为例，说明从空白项目开始创建项目标高的一般步骤。

一、标高的创建与设置

（1）打开"小别墅"结构样板文件，在项目浏览器中展开"立面（建筑立面）"视图类别选项，双击"北"立面选项（图 2.1-1），切换至北立面视图。

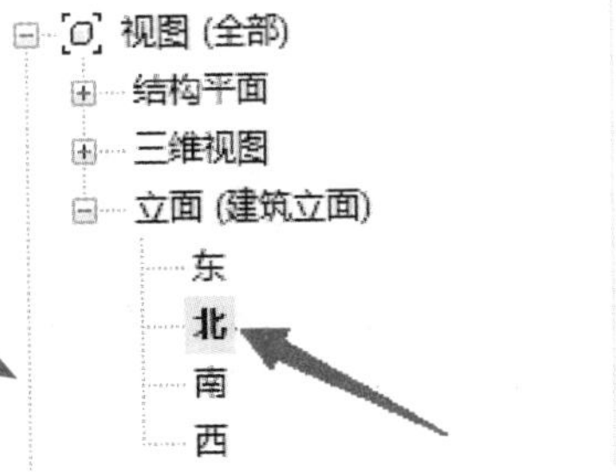

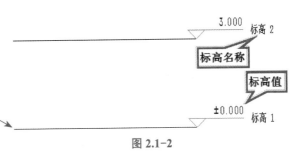

图 2.1-1

（2）如图 2.1-2 所示，在北立面视图中，项目样板默认设置标高为标高 1 和标高 2，标高 1 为 ±0.000 m，标高 2 为 3.000 m（建筑样板标高 2 默认为 4.000 m），如图 2.1-2 所示。

3.000   标高 2

标高名称

标高值

±0.000   标高 1

图 2.1-2

（3）移动鼠标到标高 2 的标高值位置，单击标高值，打开标高值文本框，重新输入数值，在标高值文本框中输入楼层层高值后确定（注：楼层层高值以米为单位），Revit 软件会自动移动标高位置，如图 2.1-3 所示。

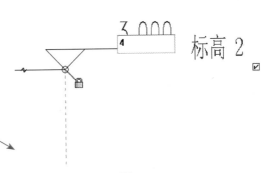

图 2.1-3

（4）单击"建筑"选项卡"基准"面板中的"标高"工具，可以进入创建与放置标高模式。Revit软件会自动切换至"修改|放置 标高"选项卡，如图2.1-4所示。单击"绘制"面板中的"直线"工具，勾选状态栏下的"创建平面视图"选项，设置偏移量为"0"，然后根据图纸将轴网绘制出来。

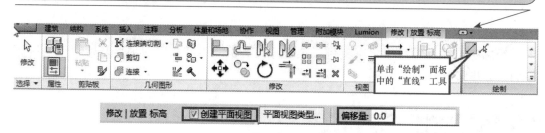

单击"绘制"面板中的"直线"工具

修改|放置 标高   ☑创建平面视图   平面视图类型...   偏移量: 0.0

图 2.1-4

（5）将鼠标移至标高左端，出现蓝色引线，如图2.1-5（a）所示，确定尺寸后单击绘制"标高3"线。

切换至项目浏览器中，展开"结构平面"视图类别选项，刚才绘制的标高将会出现在结构平面视图中，如图2.1-5（b）所示。

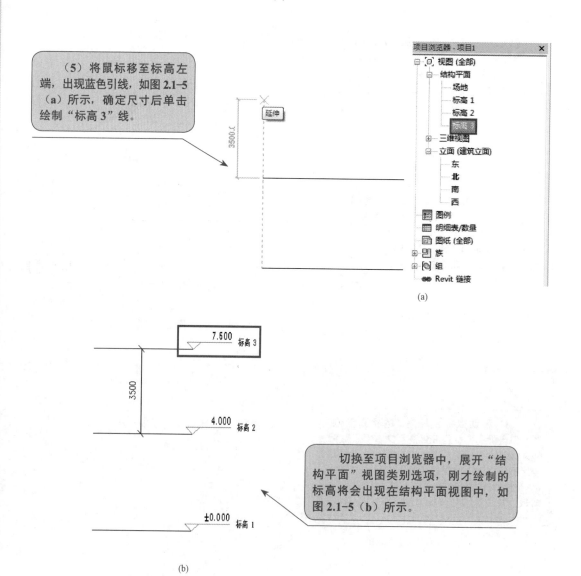

(a)

(b)

图 2.1-5

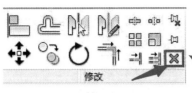

(a)

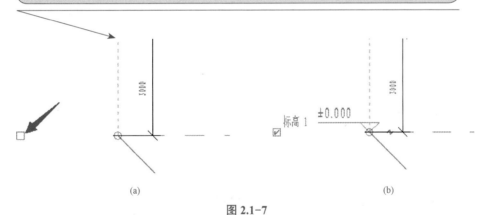

（6）如果要删除标高3，选中该标高，Revit 软件会高亮显示轴网并呈蓝色，Revit 软件会自动切换至"修改 | 标高"选项卡，单击"修改"面板中的"删除"按钮 ✖，如图 2.1-6（a）所示。

Revit 软件会弹出"警告"对话框，如图 2.1-6（b）所示。单击"确定"按钮，标高 3 将会被删除，同时，项目浏览器中结构平面视图中的"标高 3"也会被删除。

(b)

图 2.1-6

（7）显示左标头：当视图切换至北立面视图时，系统会自动显示标高 1 和标高 2，在默认的标高中，只会显示右标头，单击"标高 1"，在标高左端会出现蓝色方框 [图 2.1-7（a）]，选中蓝色方框，左标头位置便会显示标高名称与标高值，如图 2.1-7（b）所示。

(a)   (b)

图 2.1-7

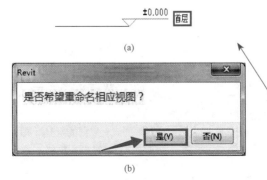

(a)

（8）修改"标高 1"的名称：单击标头"标高 1"，会出现文本编辑框，将"标高 1"改为"首层"，此时，会弹出"Revit"对话框，单击"是"按钮，如图 2.1-8 所示，项目浏览器楼层平面中"标高 1"将会更改为"首层"。

(b)

图 2.1-8

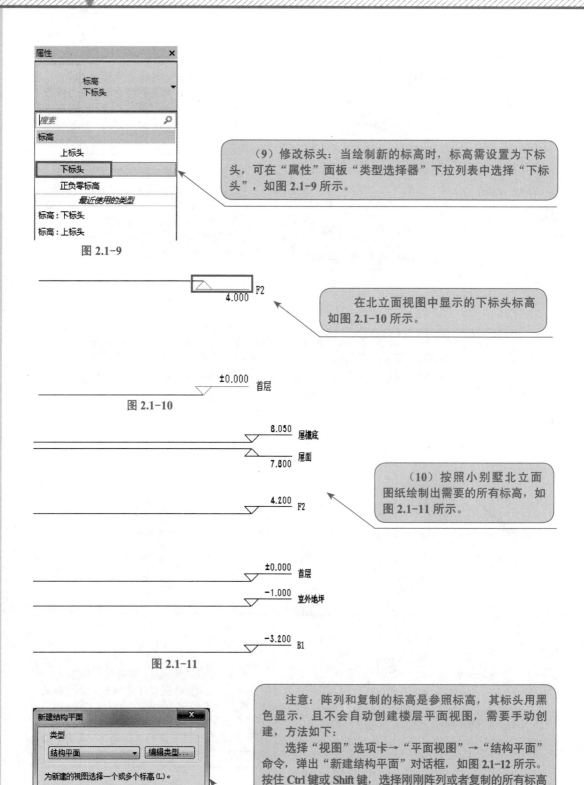

图 2.1-9

（9）修改标头：当绘制新的标高时，标高需设置为下标头，可在"属性"面板"类型选择器"下拉列表中选择"下标头"，如图 2.1-9 所示。

4.000 F2

在北立面视图中显示的下标头标高如图 2.1-10 所示。

±0.000 首层

图 2.1-10

8.050 屋檐底

7.800 屋面

4.200 F2

（10）按照小别墅北立面图纸绘制出需要的所有标高，如图 2.1-11 所示。

±0.000 首层

−1.000 室外地坪

−3.200 B1

图 2.1-11

注意：阵列和复制的标高是参照标高，其标头用黑色显示，且不会自动创建楼层平面视图，需要手动创建，方法如下：

选择"视图"选项卡→"平面视图"→"结构平面"命令，弹出"新建结构平面"对话框，如图 2.1-12 所示。按住 Ctrl 键或 Shift 键，选择刚刚阵列或者复制的所有标高名称，单击"确定"按钮，即可在项目浏览器中创建所有的结构平面视图。

图 2.1-12

二、轴网的创建与设置

（1）打开视图。

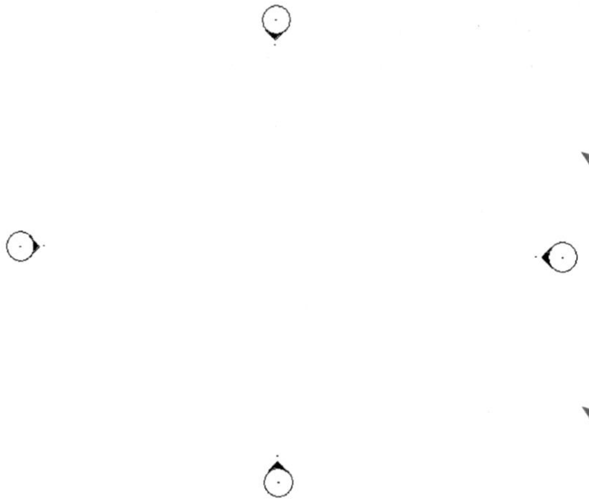

在项目浏览器中展开"楼层平面"视图类别选项，双击"首层"视图名称，切换至首层平面视图，如图 2.1-13 所示。

在默认情况下，在平面视图中，有四个不同方向的立面视图，分别是东、南、西、北 4 个立面。

图 2.1-13

（2）移动立面视图。

(a)

将立面视图移至轴号外，保持立面观察轴号及模型的完整性，单击立面视图符号，Revit 软件会自动切换并高亮显示"修改 | 立面"选项卡，如图 2.1-14（a）所示。

单击"修改 | 立面"选项卡中"修改"面板中的"移动"工具，如图 2.1-14（b）所示，将 Revit 软件默认的 4 个视图移动至距离轴号外一段距离，确认剪裁平面位置。

(b)

图 2.1-14

（3）绘制轴线。

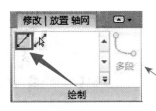

图 2.1-15

单击"建筑"选项卡→"基准"面板→"轴网"工具，Revit 软件会自动转为"修改 | 放置 轴网"选项卡，可在"绘制"面板下单击"直线"工具进行轴线绘制，如图 2.1-15 所示。

（4）调整轴号的显示。

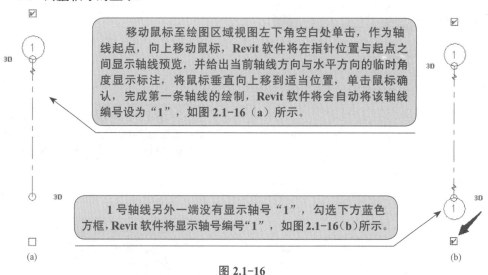

移动鼠标至绘图区域视图左下角空白处单击，作为轴线起点，向上移动鼠标，Revit 软件将在指针位置与起点之间显示轴线预览，并给出当前轴线方向与水平方向的临时角度显示标注，将鼠标垂直向上移到适当位置，单击鼠标确认，完成第一条轴线的绘制，Revit 软件将会自动将该轴线编号设为"1"，如图 2.1-16（a）所示。

1 号轴线另外一端没有显示轴号"1"，勾选下方蓝色方框，Revit 软件将显示轴号编号"1"，如图 2.1-16（b）所示。

图 2.1-16

（5）轴网的基本设置。

确认"属性"选项板中轴网的类型为"6.5 mm 编号"，单击"编辑类型"按钮，将会弹出"类型属性"对话框，如图 2.1-17 所示，在对话框中，将"轴线中段"的显示方式更改为"连续"，勾选"平面视图轴号端点 1（默认）"选项，单击"确定"按钮。

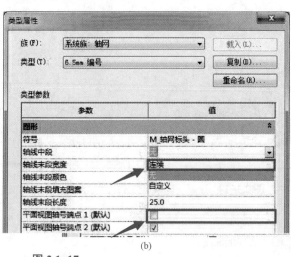

图 2.1-17

（6）复制轴网。

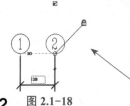

图 2.1-18

选择"1"号轴线，Revit 软件会自动转至"修改 | 轴网"选项卡，在该选项卡的"修改"面板中选择"复制"工具，将鼠标移动到需要复制的方向，输入"1500"后按回车键，即可生成"2"号轴线，Revit 软件的编号会自动排序，如图 2.1-18 所示。

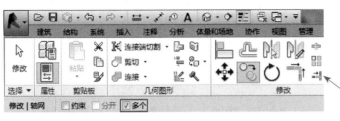

按照上一步复制的做法，依次将小别墅首层平面图纸的轴线绘制在平面视图中，勾选选项栏中的"多个"选项进行连续复制，如图 2.1-19 所示。

图 2.1-19

将纵轴线绘制完成，横轴线同样可按此方法绘制。选中"6"号轴网，单击轴线编号处，Revit 软件会自动弹出文本编辑框，将"6"修改成"A"，单击平面视图空白处，完成轴号修改，如图 2.1-20 所示。

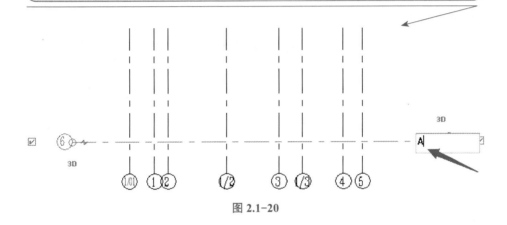

图 2.1-20

（7）修改影响范围。

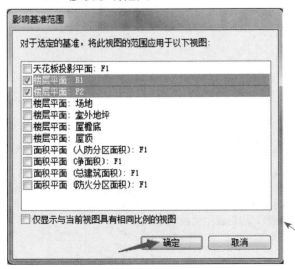

当选择轴网后，Revit 软件会自动跳转至"修改|轴网"选项卡，在"基准"面板中选择"影响范围"工具，会自动弹出"影响基准范围"对话框，选择需要影响的平面视图，单击"确定"按钮，如图 2.1-21 所示。

图 2.1-21

（8）切换 3D/2D。

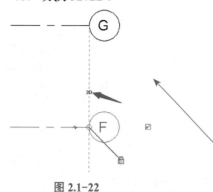

图 2.1-22

选择轴线后单击蓝色的"3D"符号，"3D"将变成"2D"，在此状态下，仅能够调整当前视图中所选轴网长度及标头位置，如图 2.1-22 所示。

（9）调整轴号位置。

当两条轴线相邻较近时，可以选中其中一条轴线，单击添加弯头符号，如图 2.1-23（a）所示，轴线 2 便会出现图 2.1-23（b）所示的情况，水平拖拽中间的实心圆点可以调整位置，如图 2.1-23（c）所示。

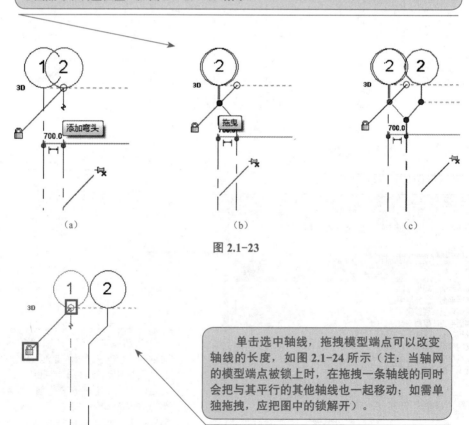

图 2.1-23

图 2.1-24

单击选中轴线，拖拽模型端点可以改变轴线的长度，如图 2.1-24 所示（注：当轴网的模型端点被锁上时，在拖拽一条轴线的同时会把与其平行的其他轴线也一起移动；如需单独拖拽，应把图中的锁解开）。

（10）完整的别墅轴网如图 2.1-25 所示。

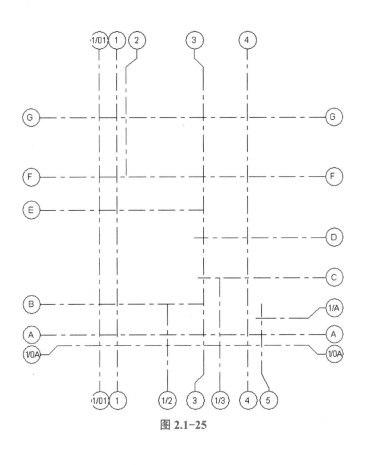

图 2.1-25

三、链接与导入 DWG 图纸

链接 CAD 对话框：选择"插入"选项卡→"链接"面板→"链接 CAD"命令，会弹出图 2.1-26 所示的"链接 CAD 格式"对话框。勾选"仅当前视图"选项，将"导入单位"更改为"毫米"，将"定位"更改为"自动－中心到中心"，完成后单击"打开"按钮。链接图纸与导入图纸的操作方式相同，其区别在于链接 CAD 图纸时，CAD 文件修改后，Revit 软件链接的 CAD 图纸也会相应变动；导入 CAD 图纸相当于在 Revit 软件中添加 CAD 图纸，不管外部 CAD 图纸如何变化，都不会对导入的 CAD 图纸有任何影响。

图 2.1-26

025

第二节　图元创建入门

Revit 软件提供了结构柱、梁和梁系统、结构墙、板、基础等结构构件，可以快速搭建建筑的结构体系模型。本节主要针对梁、柱、墙、板的创建和编辑进行讲解。

一、基础的创建

在 Revit 软件中，在"结构"选项卡下的"基础"面板中有"独立""条形""板"，3 个按钮，如图 2.2-1 所示。

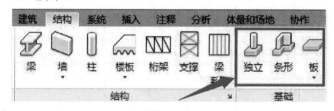

图 2.2-1

根据教材提供的桩基础平面图，可以看出该建筑使用的是独立基础，独立基础（基脚）是独立的族，属于结构基础类别的一部分。如项目中未载入"结构基础"族，则可以从族库中载入几种类型的独立基础，包括具有多个桩、矩形桩和单个桩的桩帽。

添加独立基础的步骤如下：

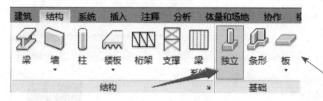

图 2.2-2

（1）在"结构"选项卡的"基础"面板中单击"独立"按钮，如图 2.2-2 所示。

图 2.2-3

（2）在"修改|放置　独立基础"选项卡的"模式"面板中单击"载入族"按钮，可载入独立基础族，如图 2.2-3 所示。

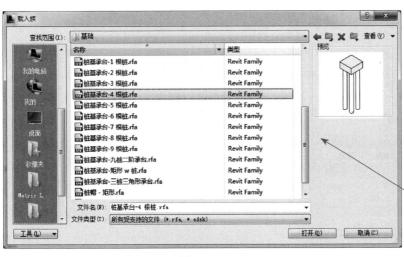

图 2.2-4

（4）在"属性"面板的"类型选择器"里选择刚载入的基础，例如"桩基承台 –1 根桩"，如图 2.2-5 所示。使用之前先单击"编辑类型"按钮，系统弹出"类型属性"对话框，单击"复制"按钮，重命名一个新类型，然后修改尺寸标注，如图 2.2-6 所示。

图 2.2-5

图 2.2-6

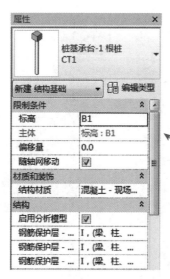

（5）放置基础之前需要在"实例属性"对话框中按照图纸所给的参数修改独立基础的标高等其他实例性参数，如图 2.2-7 所示。

图 2.2-7

对"实例属性"对话框中一些主要参数的说明见表 2.2-1。

表 2.2-1

名称	说明	名称	名称
标高	独立基础顶部的标高	钢筋保护层 – 顶面	钢筋保护层与图元顶面之间的距离
偏移量	独立基础相对参照标高的差值	钢筋保护层 – 底面	钢筋保护层与图元底面之间的距离
材质	独立基础的材质	钢筋保护层 – 其他面	从图元到邻近图元面的钢筋保护层

此样板已给出所有类型的基础［图 2.2-8（a）］，根据链接的 CAD 图纸放置基础，按空格键可旋转基础的方向，放置后利用"移动"或"对齐"命令将其与 CAD 底图对齐，如图 2.2-8（b）所示。

（a）

图 2.2-8

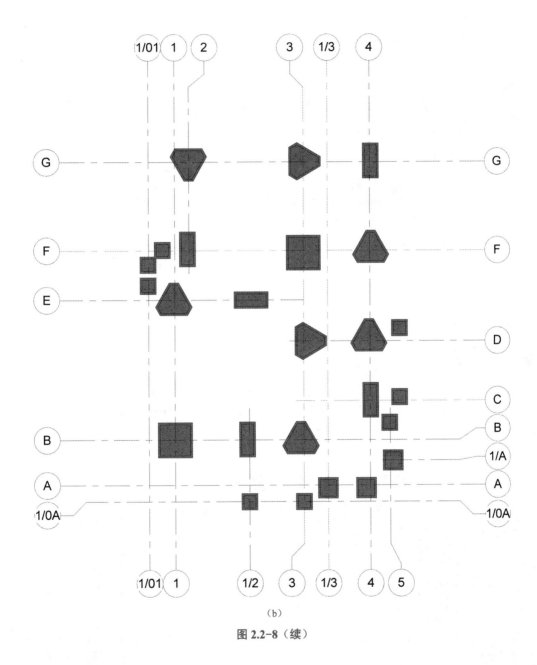

(b)

图 2.2-8（续）

二、结构柱与梁的创建

1. 创建结构柱

（1）进入结构柱绘制模式。

打开教材提供的案例文件，打开结构平面视图并双击打开"B1"平面视图，在"结构"选项卡的"结构"面板中单击"柱"按钮［图 2.2-9（a）］，"属性"面板自动切换至"柱"类型"属性"面板，如图 2.2-9（b）所示。

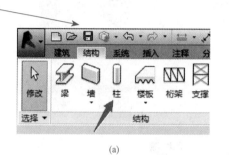

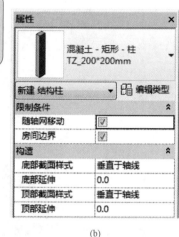

(a)   (b)

图 2.2-9

（2）载入柱族。

图 2.2-10

在"类型属性"对话框中单击"载入"按钮，如图 2.2-10 所示。

从族库中依次打开"结构"文件夹→"柱"文件夹→"混凝土"文件夹，选择"混凝土－矩形－柱.rfa"，单击"打开"按钮，如图 2.2-11 所示。

图 2.2-11

（3）更改柱类型 / 编辑柱。

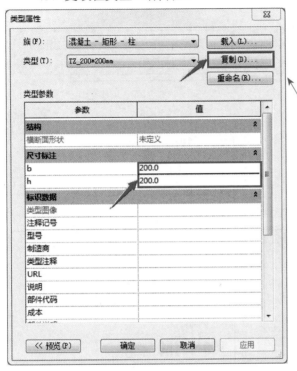

在"类型属性"对话框中，单击"复制"按钮，会弹出"名称"对话框，输入柱的名称，单击"确定"按钮，返回"类型属性"对话框修改柱子的尺寸标注，单击"确定"按钮，如图 2.2-12 所示。

图 2.2-12

（4）放置柱。

在"修改 | 放置 结构柱"状态下，能进行垂直柱和斜柱的放置，放置方式有单个放置、多个设置（在"轴网处"放置或"在柱处"放置）等，如图 2.2-13 所示。

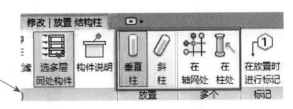

图 2.2-13

打开"B1"平面视图，在"修改 | 放置 结构柱"状态下，打开选项栏中的"高度"下拉列表，更改柱的顶标高为"F1"，如图 2.2-14 所示。

图 2.2-14

高度：为柱顶定位标高选择标高，或为默认设置"未连接"输入值。
深度：指定标高向下绘制柱及柱高度。

此模型的类型选择器里已给出所有类型的结构柱，直接使用即可。

（5）绘制"B1~F1"的结构柱。

> 选择与 CAD 图纸对应的结构柱，修改其限制条件，放置在对应的位置，若没对齐底图，可使用"移动"或"对齐"命令使其对齐，如"KZ3"，如图 2.2-15 所示。

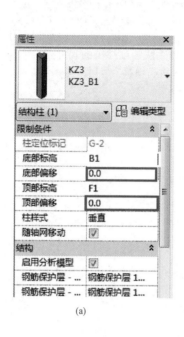

(a)

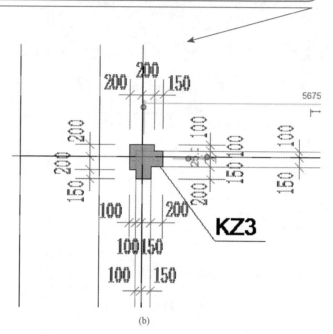

(b)

图 2.2-15

结构柱最终绘制效果图如图 2.2-16 所示。

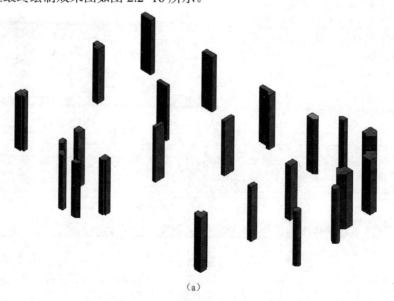

（a）

图 2.2-16

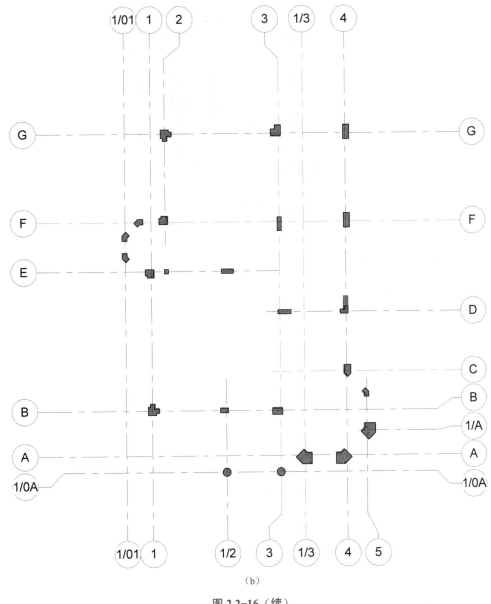

（b）

图 2.2-16（续）

（6）绘制"F1～F2"的结构柱。

> 在"标高"下拉列表中把标高改为"F1"，在"高度"下拉列表中选择高度"F2"，如图 2.2-17
> 所示。

图 2.2-17

绘制方法与绘制"B1～F1"的结构柱的方法一致，绘制完成的结构柱如图 2.2-18 所示。

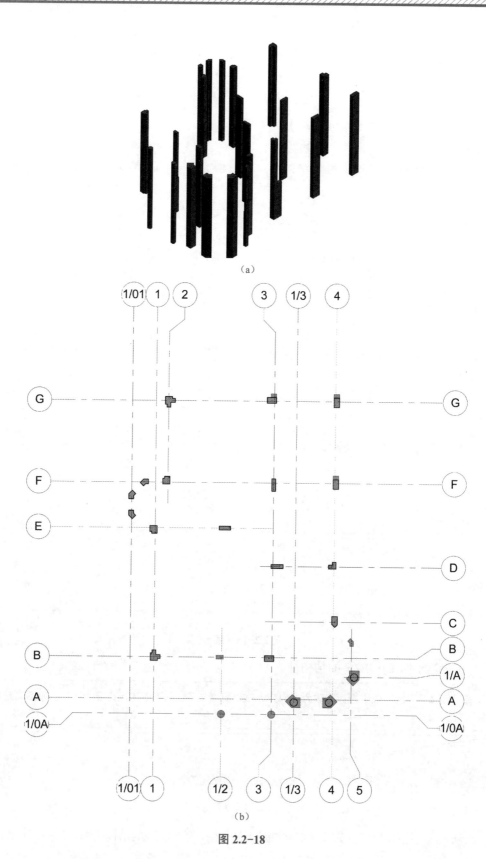

（a）

（b）

图 2.2-18

（7）绘制"F2～屋面"的结构柱。

> 在"标高"下拉列表中把标高改为"**F2**"，在"高度"下拉列表中选择高度至"屋面"，如图 2.2-19 所示。

修改 | 放置 结构柱　　□ 放置后旋转　　标高: F2 ▼　　高度: ▼ 屋面 ▼　2500.0　　☑ 房间边界

图 2.2-19

使用与绘制"B1～F1"的结构柱相同的方法进行绘制，最终效果图如图 2.2-20 所示。

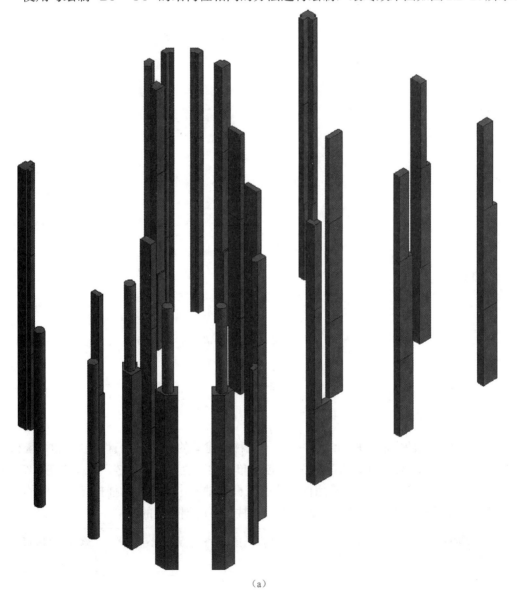

（a）

图 2.2-20

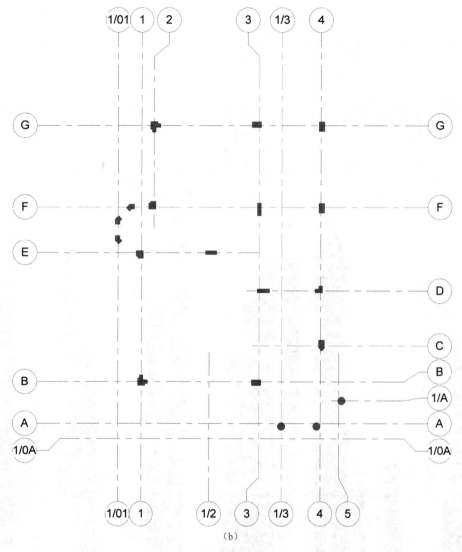

（b）

图 2.2-20（续）

2. 创建结构梁

（1）创建梁的方法。Revit 软件提供了两种创建梁的方法，即直接绘制和系统根据轴网自动布置。直接绘制的方式可以一次创建单个梁，也可以用"链"的方式连续绘制；系统根据轴网自动布置的方式是用框选或交叉框选轴网，系统自动捕捉已有的结构柱之间的轴线并沿轴线放置梁，此方法若没有结构柱是不能创建梁的。

在"结构"选项卡的"结构"面板中单击"梁"按钮，进入梁的绘制，激活"修改 | 放置 梁"选项卡和选项栏，如图 2.2-21 所示。

修改 | 放置 梁 ｜ 放置平面：标高：标高 2 ▼ ｜ 结构用途：＜自动＞ ▼ ｜ □三维捕捉 ｜ ☑链

图 2.2-21

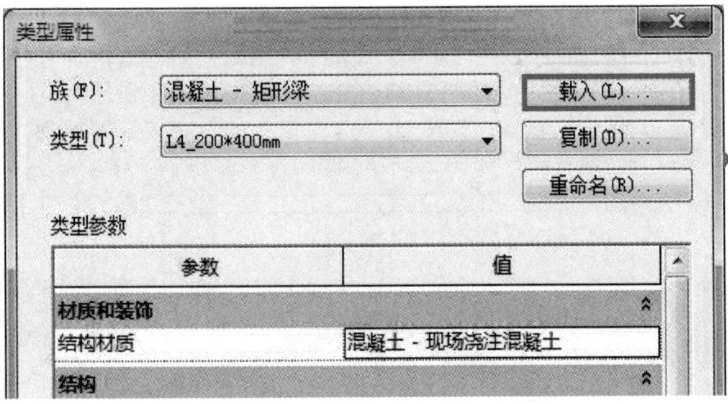

类型属性

族(F): 混凝土 - 矩形梁   载入(L)...

类型(T): L4_200*400mm   复制(D)...

重命名(R)...

类型参数

参数	值
材质和装饰	
结构材质	混凝土 - 现场浇注混凝土
结构	

图 2.2-22

从"属性"面板的类型选择器中选择需要的梁类型。如果类型选择器中没有需要的梁类型，可以单击"属性"选项板中的"编辑类型"按钮，系统弹出"类型属性"对话框，单击"载入"按钮，如图 2.2-22 所示，系统弹出"打开"对话框，从"结构"→"梁"文件夹中载入需要的梁族。

在选项栏"放置平面"下拉列表中选择梁所在的标高名称（默认为当前平面视图标高），在"结构用途"下拉列表中选择梁的用途为"大梁"（或"水平支撑""托梁""其他""檩条"），如图 2.2-23 所示。

修改 | 放置 梁   放置平面: 标高 : F1   结构用途: 大梁   □ 三维捕捉   ☑ 链

图 2.2-23

下面将根据实际需要选择不同的创建梁的方法。

单个绘制：在选项栏中取消勾选"链"选项，在梁的起点和终点位置分别单击鼠标，即可创建一根梁，如图 2.2-24 所示。

图 2.2-24

链绘制：在选项栏中勾选"链"选项，则上一根梁的终点将作为下一根梁的起点，因此可以像连续画线一样创建梁，如图 2.2-25 所示。

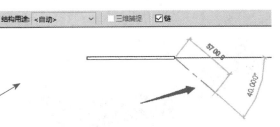

图 2.2-25

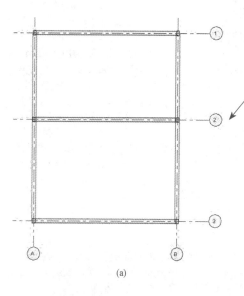

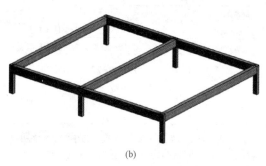

系统根据轴网自动布置：在"修改 | 放置 梁"选项卡中单击"在轴网上"按钮，在平面视图中用框选或交叉框选的方式选择有结构柱的轴线，则在结构柱之间的所有轴线处均会出现梁的预览图形。单击"修改 | 放置 梁"选项卡中的"完成"按钮创建所有梁，如图 2.2-26 所示。

(a)   (b)

图 2.2-26

（2）编辑梁。

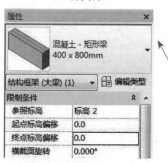

图 2.2-27

创建梁后，可以通过编辑梁的"属性"面板中的"起点标高偏移"和"终点标高偏移"来创建斜梁，通过修改"参照标高"来移动梁到其他楼层标高或高度位置。选择已有的梁，"属性"面板如图 2.2-27 所示。

斜梁：选择已有的梁，设置"属性"面板中"起点标高偏移"和"终点标高偏移"参数值，即可创建斜梁，如图 2.2-28 所示。

梁的旋转：编辑梁的"横截面旋转"参数值使梁的横截面中心旋转一个角度，如图 2.2-29 所示。

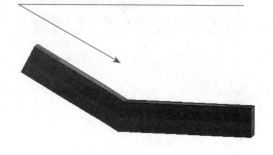

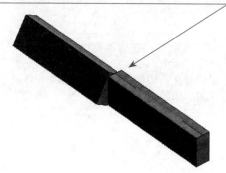

图 2.2-28   图 2.2-29

（3）载入梁。

图 2.2-30

在"结构"选项卡的"结构"面板中单击"梁"按钮，在属性框中单击"编辑类型"按钮，系统就会弹出"类型属性"对话框，在对话框中单击"载入"按钮，如图 2.2-30 所示。系统弹出"打开"对话框，如图 2.2-31 所示。

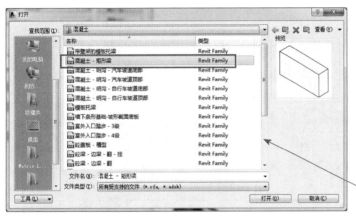

图 2.2-31

选择"结构"文件夹→"框架"→"混凝土 - 矩形梁"，如图 2.2-31 所示。

（4）修改梁尺寸。

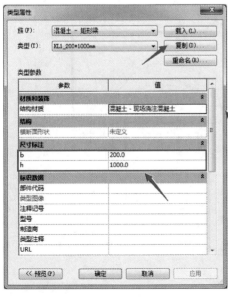

图 2.2-32

查看梁配筋图，如"KL1-200×1000 mm"，单击"梁"属性框中的"类型属性"按钮，在弹出的"类型属性"对话框中单击"复制"按钮，在弹出的"名称"对话框中输入梁名称"KL1"，修改"b"和"h"的尺寸为 200 与 1 000，单击"确定"按钮完成梁尺寸的修改，如图 2.2-32 所示。

（5）绘制梁。

> 　　打开"F1"平面视图，在"修改｜放置　梁"状态下，在选项栏的"放置平面"下拉列表中更改梁的标高为"F1"，如图 2.2-33 所示。设置完成后用绘制工具中的"直线"命令沿导入底图进行绘制，绘制完成后，单击鼠标右键选择"取消"命令或连按两次 Esc 键结束命令。

图 2.2-33

　　（6）梁对齐：由于 Revit 软件绘制梁时不会自动捕捉，所以绘制完成后如发现梁与底图并未对齐，可使用"修改"选项卡中的"对齐（AL）"命令将梁与底图进行对齐。

3. 创建异形梁

　　项目中的一层和二层均有异形梁，这些异形梁可用内建模型来绘制。

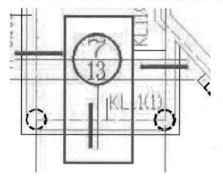

图 2.2-34

> 　　以图 2.2-34 所示异形梁进行讲解，这是一层中的一根异形梁，根据结构施工图中编号为 13 的图纸，可以看出该异形梁的截面形状，结合建筑施工图中的"①～⑤轴立面"，可以知道这根异形梁的形状，如图 2.2-35 所示。

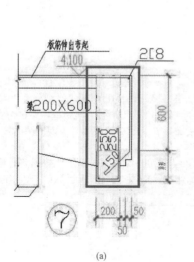

(a)

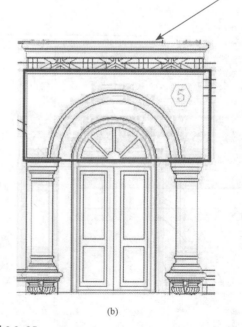

(b)

图 2.2-35

图 2.2-36

将南立面图纸导入 Revit 软件南立面中。切换至南立面，在"结构"选项卡"模型"面板的"构件"下拉列表中选择"内建模型"选项，如图 2.2-36 所示，系统弹出"族类别和族参数"对话框。

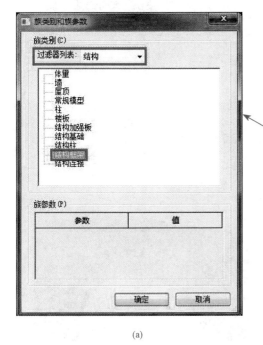

(a)

在"族类别和族参数"对话框的"过滤器列表"下拉列表中选择"结构"选项，选择"结构框架"选项，单击"确定"按钮［图 2.2-37（a）］，系统弹出"名称"对话框，输入该异形梁名称，单击"确定"按钮，如图 2.2-37（b）所示。

(b)

图 2.2-37

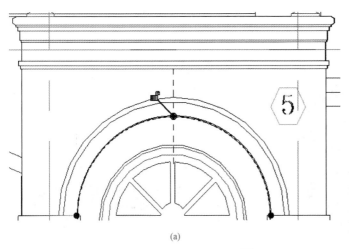

(a)

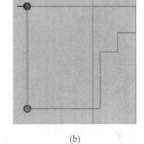

(b)

图 2.2-38

（c）

图 2.2-38（续）

内建模型绘制模式后，在"创建"选项卡的"形状"面板中单击"放样"按钮，激活"修改 | 放样"选项卡，在"纹样"面板中单击"绘制路径"按钮，激活"修改 | 放样 > 绘制路径"选项卡，在"绘制"面板中选择"拾取线"命令⚲，拾取南立面的 CAD 图纸，如图 2.2-38（a）所示，单击"编辑轮廓"按钮📐 编辑轮廓，系统弹出"转到视图"对话框，选择东立面或者西立面打开视图，根据 CAD 图纸上的轮廓开始绘制，如图 2.2-38（b）所示，单击"确定"按钮✔即可形成形状，如图 2.2-38（c）所示。

完成上一步之后，先不要单击完成模型，在"创建"选项卡的"形状"面板中单击"拉伸"按钮，用"拾取"命令根据立面图的轮廓来绘制，如图 2.2-39（a）所示，将生成的梁与弧形的梁对齐，如图 2.2-39（b）所示，在"修改"选项卡的"几何图形"面板中单击"连接"按钮，将两个模型连接起来，单击完成模型。

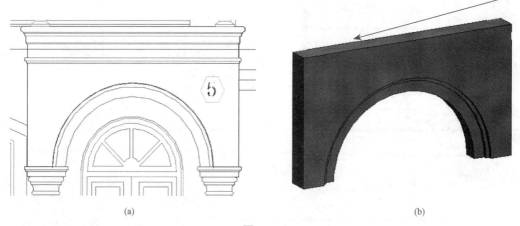

（a）　　　　　　　　　　　　　　　　　　　　　　　　（b）

图 2.2-39

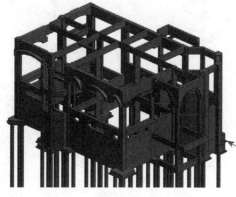

图 2.2-40

类似这样的异形梁也是用相同的方法绘制，如图 2.2-40 所示。

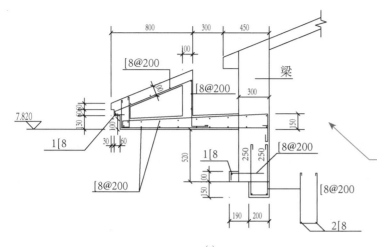

二层中的异形梁，以图 2.2-41（a）所示为例进行讲解。切换屋顶平面视图，按照上一步的方法进入放样绘制路径，按照导入 CAD 图纸上的梁边缘绘制路径，如图 2.2-41（b）所示。

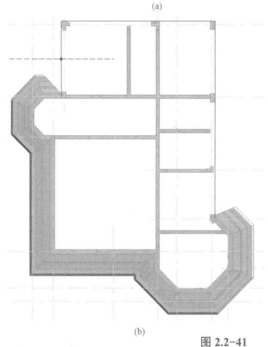

(b)

图 2.2-41

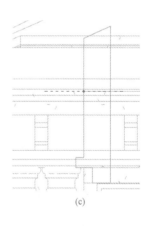

(c)

图 2.2-42

绘制完成后，先不用单击完成模型，把二层的其他异形梁绘制完成后，再单击完成模型，如图 2.2-42 所示。

三、结构墙体的创建与处理

1. 结构墙体的创建

(1) 编辑墙体。

切换至楼层平面视图"B1",单击"建筑"选项卡 中的"墙"按钮,在下拉列表中选择"墙:结构"选项,在类型选择器里选择"基本墙 常规 –200 mm"选项,在"属性"对话框中单击"编辑类型"按钮,系统弹出"类型属性"对话框,如图 2.2–43 所示。

(a)

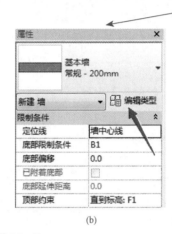

(b)

图 2.2–43

1)修改结构墙的类型属性。

在"类型属性"对话框中单击"复制"按钮,在弹出的"名称"对话框中输入名称"WB1"后单击"确定"按钮,系统返回"类型属性"对话框,如图 2.2–44 所示。

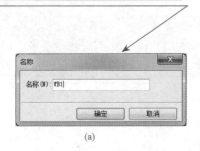

(a)

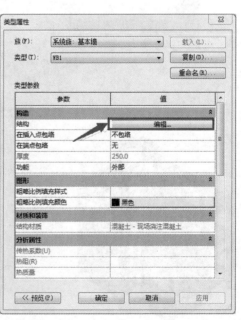

(b)

图 2.2–44

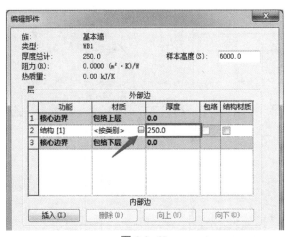

在"类型属性"对话框中单击结构后的"编辑"按钮，系统弹出"编辑部件"对话框，把层 2 的厚度改为 250，单击层 2 的材质按钮，如图 2.2-45 所示。

图 2.2-45

单击层 2 的材质按钮，系统弹出"材质浏览器"对话框，选择需要的材质，如图 2.2-46 所示。

图 2.2-46

2）修改选项栏。选项栏如图 2.2-47 所示（WB2、WB3 类型的墙的编辑方法同 WB1）。

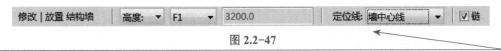

图 2.2-47

> 各选项的具体含义如下：
> 高度：为墙的墙顶定位标高选择标高，或为默认设置"未连接"输入值。
> 深度：指定标高向下绘制墙、墙高度。
> 定位线：选择在绘制时要与光标对齐的墙的垂直平面，或要将那个垂直平面与将在绘图区域中选定的线或面对齐。
> 链：选择此选项，以绘制一系列在端点处连接的墙分段。
> 偏移量：输入一个距离，以指定墙的定位线与光标位置或选定的线或面之间的偏移。

3）修改墙的实例参数。

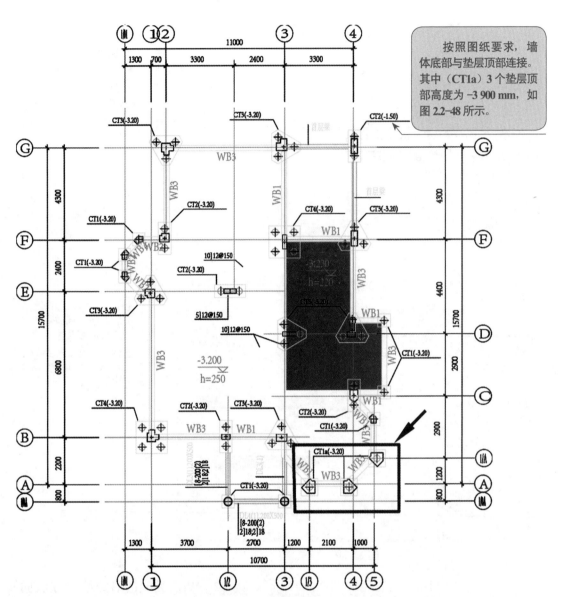

按照图纸要求，墙体底部与垫层顶部连接。其中（CT1a）3 个垫层顶部高度为 −3 900 mm，如图 2.2-48 所示。

桩基础平面图

图 2.2-48

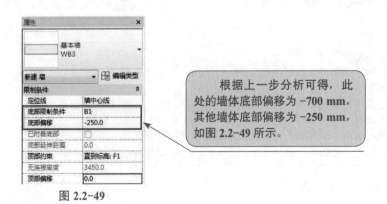

根据上一步分析可得，此处的墙体底部偏移为 −700 mm，其他墙体底部偏移为 −250 mm，如图 2.2-49 所示。

图 2.2-49

（2）绘制墙体。

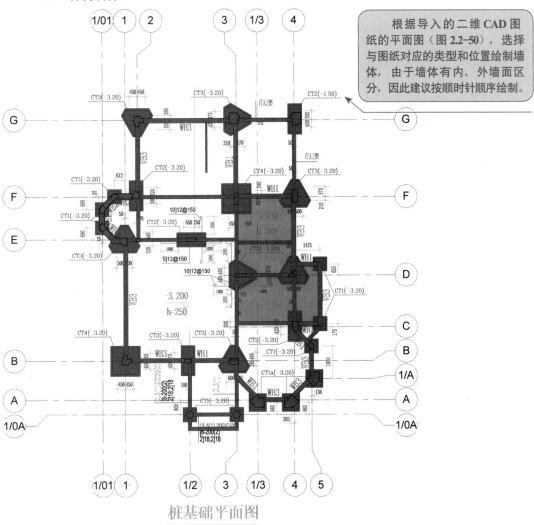

> 根据导入的二维 CAD 图纸的平面图（图 2.2–50），选择与图纸对应的类型和位置绘制墙体，由于墙体有内、外墙面区分，因此建议按顺时针顺序绘制。

桩基础平面图

图 2.2–50

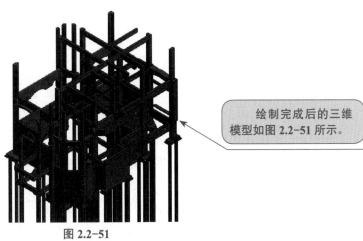

> 绘制完成后的三维模型如图 2.2–51 所示。

图 2.2–51

2. 结构墙体的处理

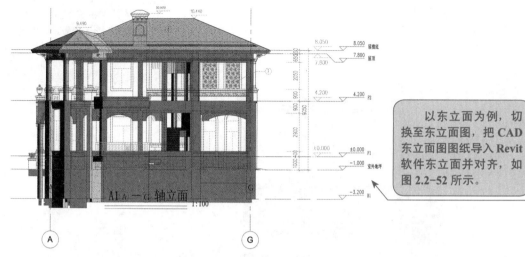

图 2.2-52

> 以东立面为例，切换至东立面图，把 CAD 东立面图图纸导入 Revit 软件东立面并对齐，如图 2.2-52 所示。

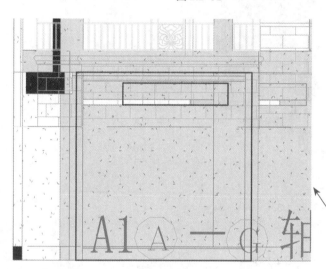

图 2.2-53

> 双击要预留洞口的墙体，进入编辑状态，绘制 CAD 底图洞口的轮廓，然后单击退出编辑模式，如图 2.2-53 所示。其余洞口的创建方法同上（注：墙体的详细做法见第三章第一节）。

第三节　楼板和屋顶

　　楼板是建筑设计中常用的建筑构件，用于分割建筑的各层空间。Revit 软件提供了楼板的工具，与墙类似，楼板也属于系统族，可以根据草图轮廓和类型属性定义的结构在项目中创建任意形式的楼板。

　　屋顶是建筑的重要组成部分，由屋面和支承结构等组成，有些屋顶还有保温或隔热层，是房屋最上层起覆盖作用的围护结构。

一、楼板的创建与编辑

单击"建筑"选项卡"构建"面板中的"楼板"按钮，在下拉列表中包括"楼板：建筑""楼板：结构""面楼板""楼板：楼板边"4个选项。

"楼板：建筑"选项用于按照建筑模型的当前标高创建楼板。

"楼板：结构"选项用于按照建筑模型的当前标高绘制结构楼板。

"面楼板"选项可将体量楼层转换为建筑模型的楼层。

"楼板：楼板边"选项用于构建楼板水平边缘的形状。

（1）打开项目文件。

> 切换至项目中的一个平面视图，单击"结构"选项卡，选择"构建"面板中的"楼板（楼板：结构）"选项，Revit 软件会自动跳转至"修改 | 创建楼层边界"选项卡，如图 2.3-1 所示。选择绘制工具，绘制项目中的楼板（建筑楼板选择"楼板：建筑"选项）。

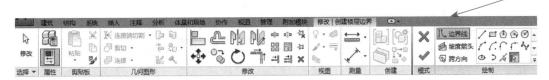

图 2.3-1

（2）创建楼板类型。

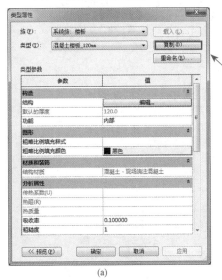

> 单击"属性"对话框中的"编辑类型"按钮，Revit 软件会自动弹出"类型属性"对话框，单击"复制"按钮，将会弹出"名称"对话框，输入楼板名称，如图 2.3-2 所示。

(a) 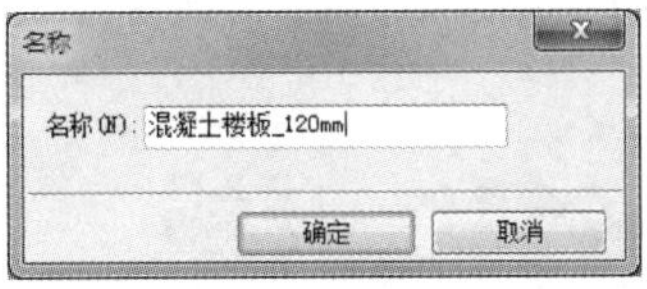　　　　　　　　　　　　(b)

图 2.3-2

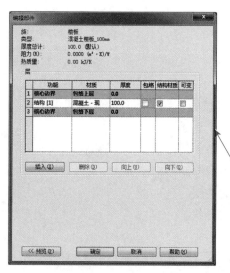

图 2.3-3

设置楼板属性。单击"类型属性"对话框中"结构"参数中的"编辑"按钮，将会弹出"编辑部件"对话框，设置功能面层，用户需要增加新的功能面层，单击对话框中的"插入"按钮，即可增加面层，选择新插入的面层，可以赋予材质、修改面层厚度。若需调整面层的顺序，只需选择面层，单击"向下"或"向上"按钮，即可调整功能面层的顺序，单击"确定"按钮完成属性编辑，如图 2.3-3 所示。

（3）根据项目的需要，使用所需要的绘制方式。

图 2.3-4

绘制楼板前应该先在"属性"面板中调整好楼板的标高，如图 2.3-4 所示。

绘制楼板的轮廓，在"修改 | 创建楼层边界"选项卡的"绘制"面板中选择相应的绘制工具，如图 2.3-5 所示。注意：楼层边界必须为闭合环（轮廓），要在楼板上开洞，可在需要开洞的位置绘制另一个闭合环。

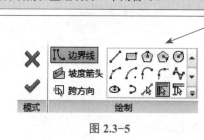

图 2.3-5

（4）修改子图元。

1）选择子图元：在三维视图中，单击选中已经绘制完成的楼板，Revit 软件将会切换到"修改 | 楼板"选项卡，选择"形状编辑"面板中的"修改子图元"工具，如图 2.3-6 所示。

图 2.3-6

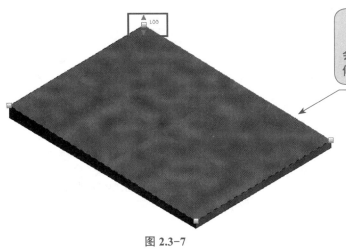

2）修改子图元：单击选择"修改子图元"工具，楼板边缘将会出现拖拽点，可以通过拖拽点来修改高程，如图 2.3-7 所示。

图 2.3-7

（5）楼板边。

单击"建筑"选项卡"构建"面板中的"楼板"下拉按钮，选择"楼板：楼板边"选项，在楼板边的"属性"面板中可以修改楼板边的类型，单击楼板的边缘，即可添加楼板边，如图 2.3-8 所示。

图 2.3-8

选择添加的楼板边，在楼板边的"属性"面板中的"限制条件"区域修改"垂直轮廓偏移"与"水平轮廓偏移"等数值，单击"编辑类型"按钮，在弹出的"类型属性"对话框中修改楼板边的"轮廓"，如图 2.3-9 所示。

属性	×
楼板边缘	▼
楼板边缘 (1)	▼ 🔲 编辑类型
限制条件	⏶
垂直轮廓偏移	0.0
水平轮廓偏移	0.0
结构	
钢筋保护层	钢筋保护层 1...
尺寸标注	⏶
长度	0.0
体积	
标识数据	⏶
图像	
注释	
标记	▼

(a)

类型属性			
族(F)：	系统族：楼板边缘	▼	载入(L)...
类型(T)：	楼板边缘	▼	复制(D)...
			重命名(R)...
类型参数			
参数		值	
构造			⏶
轮廓		楼板边缘 - 加厚：600 x 300mm ▼	
材质和装饰		默认	
材质		M_楼板边缘 - 加厚：600 x 300mm	
标识数据		M_楼板边缘 - 加厚：900 x 300mm	
类型图像		M_楼板边缘 - 加厚：900 x 450mm	
注释记号			
型号			
制造商			
类型注释			
URL			

(b)

图 2.3-9

（6）案例讲解。

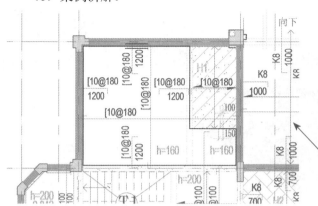

图 2.3-10

> 切换到平面视图，导入该楼层平面 CAD 图纸，在"建筑"选项卡"构建"面板中的"楼板"下拉列表中选择"楼板：结构"选项，按照墙的内边缘开始绘制楼板的轮廓线，绘制的轮廓线必须在闭合的环内，如图 2.3-10 所示。

图 2.3-11

> 单击 ✔ 按钮即可完成绘制，完成后的三维效果图如图 2.3-11 所示。

> 卫生间、厨房等的楼板需要降低标高，在绘制楼板时，在"属性"面板中修改"自标高的高度偏移"参数值，如图 2.3-12 所示。

> 修改完后即可进行绘制，绘制完成后的三维效果图如图 2.3-13 所示。

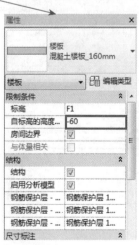

图 2.3-12

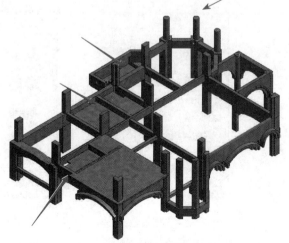

图 2.3-13

对项目中的楼板按照以上两种方式进行绘制，绘制完成后的三维效果图如图 2.3-14 所示。

图 2.3-14

二、屋顶的创建

Revit 软件提供了几种创建屋顶的工具，包括迹线屋顶、拉伸屋顶、面屋顶等。屋顶（图 2.3-15）和檐口（图 2.3-16）需要分两个部分绘制。

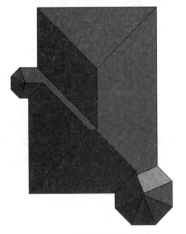

图 2.3-15

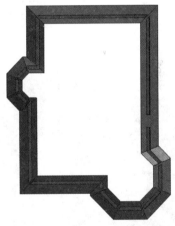

图 2.3-16

用迹线屋顶绘制图 2.3-15 所示的屋顶。将视图切换至项目中的"屋顶"视图，在"建筑"选项卡"构建"面板中的"屋顶"下拉列表中选择 ▱（迹线屋顶）选项，Revit 软件会自动跳转至"修改 | 创建屋顶迹线"选项卡，选择"绘制"面板中的绘制工具进行绘制，如图 2.3-17 所示。

图 2.3-17

（1）按以下绘制方法绘制本项目的屋顶。

1）在"属性"面板中单击"编辑类型"按钮，系统弹出"类型属性"对话框，在该对话框中单击"复制"按钮，复制一个新的屋顶类型，如图 2.3-18 所示。

2）单击"结构"参数中的"编辑"按钮系统弹出"编辑部件"对话框，根据本项目的屋顶要求设置屋顶名称、厚度和做法，图 2.3-19 所示。

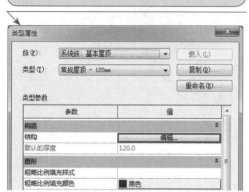

图 2.3-18

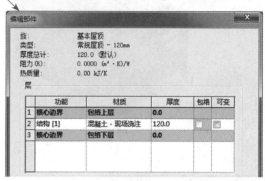

图 2.3-19

3）切换至"修改 | 创建屋顶迹线"选项卡，在选项栏中勾选"定义坡度"选项，如图 2.3-20 所示，在"属性"面板中将坡度定义为 **21.91**，偏移量为 **0**。

☑ 定义坡度　☐ 延伸到墙中(至核心层)　激活尺寸标注

图 2.3-20

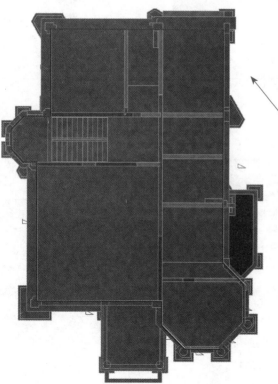

图 2.3-21

选择"绘制"面板中的绘制工具绘制屋顶迹线边界，沿着梁的内边缘进行绘制，如图 2.3-21 所示。屋顶边界中的三角形符号 ⌐ 所表示的坡度为屋顶边界坡度。

（2）用内建模型来建屋面檐口部分。

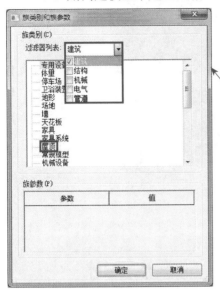

图 2.3-22

图 2.3-23

1）将视图切换至项目中的"屋顶"视图。在"建筑"选项卡"构建"面板的"构件"下拉列表中选择 （内建模型）选项，系统弹出"族类别和族参数"对话框，在"过滤器列表"中选择"建筑"或"结构"选项，选择族类别为"屋顶"，如图 2.3-22 所示。

单击"确定"按钮后，系统弹出"名称"对话框，更改名称，如图 2.3-23 所示。

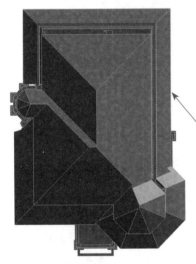

图 2.3-24

2）在"创建"选项卡的"形状"面板中单击"放样"按钮，Revit 软件自动跳转至"修改|放样"选项卡，选择"绘制路径"选项，然后根据已经绘制完成的迹线屋顶边缘来绘制路径，如图 2.3-24 所示。

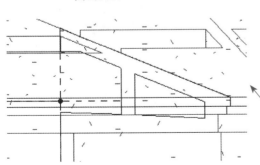

图 2.3-25

因为转角处的节点比较难处理，所以这一个轮廓需要分 3 部分来绘制，如图 2.3-25 和图 2.3-26 所示。

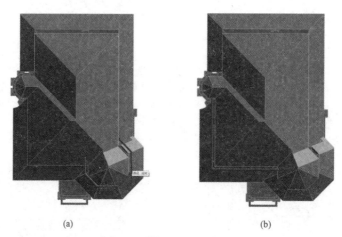

(a)   (b)

图 2.3-26

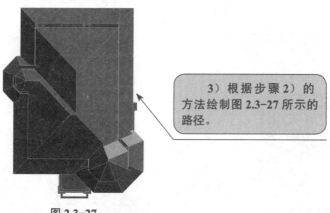

3）根据步骤2）的方法绘制图 2.3-27 所示的路径。

图 2.3-27

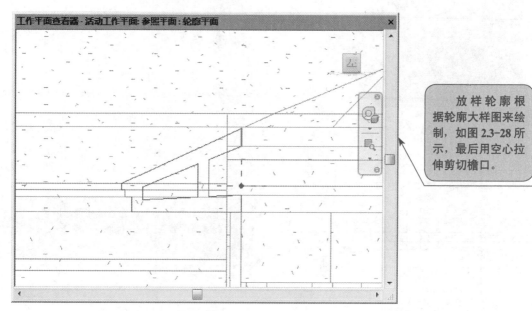

放样轮廓根据轮廓大样图来绘制，如图 2.3-28 所示，最后用空心拉伸剪切檐口。

图 2.3-28

4）绘制完放样之后，需要用"空心形状"面板中的"空心拉伸"命令剪切出檐口，如图 2.3-29（a）所示。

剪切完成所有的檐口后的三维效果图如图 2.3-29（b）所示。

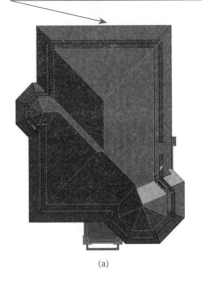

(a)

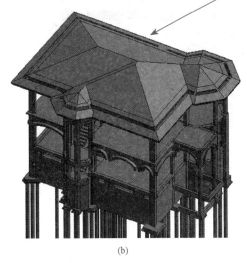

(b)

图 2.3-29

（3）屋顶斜梁的处理。

因为屋顶的梁大部分为斜梁，所以，需要调整梁的起点标高与终点标高的偏移。选择一根梁，在"属性"面板中修改起点标高与终点标高的偏移，如图 2.3-30 所示（也可以利用一些插件里面的梁齐斜板的命令完成斜梁的绘制）。

(a)

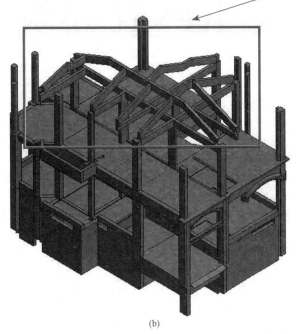

(b)

图 2.3-30

CHAPTER

03

第三章

Revit 建筑

第一节 建筑墙的创建

在 Revit 软件中，根据不同的用途和特性，模型对象被划分成很多类别，如墙、门、窗、柱等，这些构件都是预定义族类型的实例。本节对最基本的墙体进行讲解。

一、墙体的设置与材质的编辑

（1）建筑墙的创建。

> 在"建筑"选项卡"构建"面板的"墙"下拉列表中选择"墙：建筑"选项，Revit 软件将跳转至"修改 | 放置 墙"选项卡，同时将会跳转至相应选项栏，如图 3.1-1 所示。

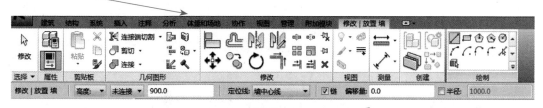

图 3.1-1

> 高度：为墙的顶部定位标高，或为默认设置"未连接"输入值。指定标高向上绘制墙、墙高度，在平面视图中创建墙时，"墙底定位标高"是与视图关联的标高。
> 深度：指定标高向下绘制墙、墙高度，用结构平面查看从当前标高向下延伸的墙，或修改楼层平面的视图范围以使其可见。
> 定位线：选择在绘制时要将墙的哪个垂直平面与光标对齐，或要将哪个垂直平面与将在绘图区域中选定的线或面对齐。
> 链：选择此选项，可绘制一系列在端点处连接的墙分段。
> 偏移量（可选）：输入一个距离，以当前绘制墙线的两侧进行偏移。

（2）绘制墙体。在"修改 | 放置 墙"选项卡的"绘制"面板中选择一个绘制工具，如图 3.1-2 所示，并使用下列任意一种方法放置墙：

图 3.1-2

> 绘制线：使用默认的"直线"工具在平面视图中绘制墙线，其长度可通过鼠标指定起点和终点，也可指定起点后将光标移动到所需方向，再输入长度值即可；使用"绘制"面板中的其他工具，可以绘制矩形布局、多边形布局、圆形布局等。使用任何一种工具绘制墙时，都可以按空格键相对于墙的定位线翻转墙的内部 / 外部方向。
> 拾取线：单击"绘制"选项卡中的"拾取线"工具，拾取视图中已有的线，直接生成墙。

（3）修改墙体图元属性及材质。

墙体的实例属性：可以通过"属性"面板设置，控制墙的定位线、底部限制条件、底部偏移、顶部约束、无连接高度、房间界限、结构用途等特性，如图3.1-3（a）所示。

单击"编辑类型"按钮，系统弹出"类型属性"对话框，在对话框中单击"结构"参数中的"编辑"按钮［图3.1-3（b）］，系统将弹出"编辑部件"对话框，如图3.1-4所示。

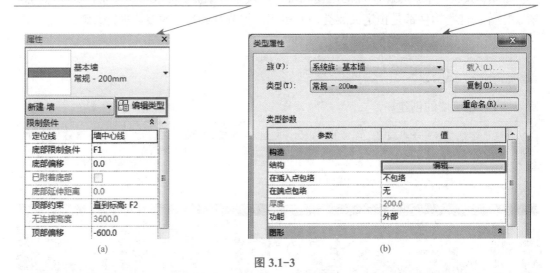

(a)

(b)

图 3.1-3

设置墙的类型参数：墙的类型参数可通过其构造、图形、材质和装饰等方面进行参数化设置，可以根据需要单击"插入"按钮，自定义增加结构功能，单击"向上"或"向下"按钮调整结构功能的位置（注：核心边界只放置构造层，面层与装饰层等非构造层应向核心边界两侧移动），如图3.1-4所示。

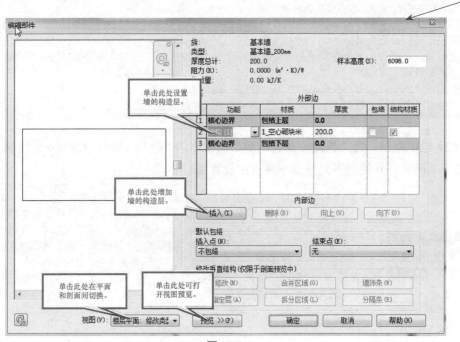

图 3.1-4

设置材质及厚度：

方法一：使用系统自带材质资源。

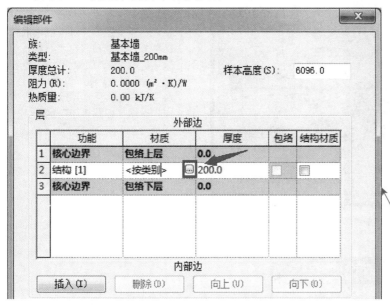

图 3.1-5

单击图 3.1-5 所指位置，打开"材质浏览器"对话框，单击图 3.1-6（a）所示位置新建材质，单击鼠标右键对新生成的材质进行重命名，单击图 3.1-6（b）所示位置打开"资源浏览器"对话框，选中对应的材质，双击鼠标即可。

(a)   (b)

图 3.1-6

方法二：用材质库创建新的材质资源。

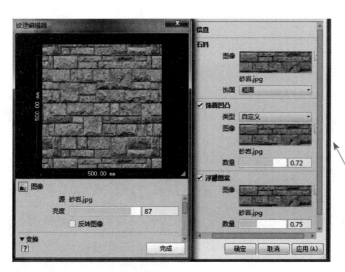

图 3.1-7

可通过材质库添加新的材质，材质选择"艺术砂岩"。在"材质浏览器"对话框中选择"外观"选项，在"石料"选项区域选择"图像"添加"砂岩.jpg"图片，在"饰面凹凸"及"浮雕图案"选项区域进行同样操作，如图 3.1-7 所示。

二、墙体的放置与轮廓编辑

1. 绘制别墅内墙

（1）修改墙类型。

以地下室内墙绘制为例进行讲解，选择"项目浏览器"中的"楼层平面"视图，切换至"B1"视图，在"建筑"选项卡的"构建"面板中选择"墙"工具，在下拉列表中选择"墙：建筑"选项。Revit 软件将切换至"修改 | 放置墙"选项卡，在"属性"对话框中选择"基本墙常规 –200 mm"墙体，如图 3.1-8 所示。

图 3.1-8

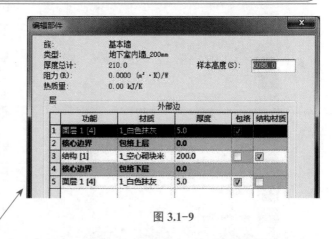

图 3.1-9

在"属性"对话框中单击"编辑类型"按钮，系统弹出"类型属性"对话框，在对话框中单击"复制"按钮，系统将弹出"名称"对话框，将其修改为"地下室内墙 –200 mm"，单击"确定"按钮。单击"类型参数"下结构参数中的"编辑"按钮，将弹出"编辑部件"对话框，可对墙添加相应材质，如图 3.1-9 所示。

（2）设置墙体。

确定完成之后，返回"属性"面板，设置"定位线"为"墙中心线"，设置"底部限制条件"为"B1"，设置"顶部约束"为"直到标高：F1"，设置"顶部偏移"为"−500.0"，如图 3.1-10 所示。

图 3.1-10

（3）绘制内墙。

根据内墙的尺寸选择内墙类型，如图 3.1-11（a）所示。根据 CAD 平面图绘制内墙，如图 3.1-11（b）所示，注意遇到剪力墙时，应断开柱绘制，将柱隔开。绘制完成后的三维效果图如图 3.1-11（c）所示。

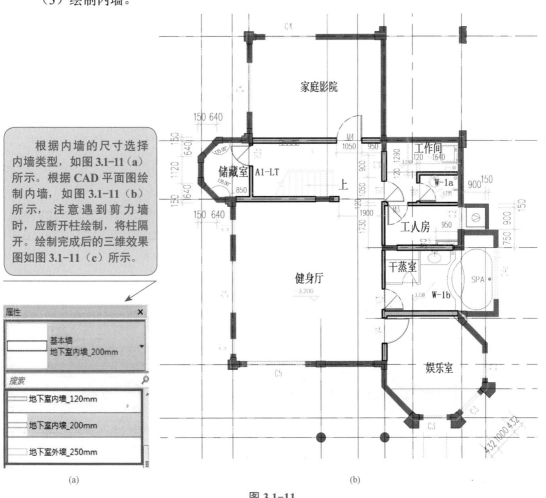

图 3.1-11

063

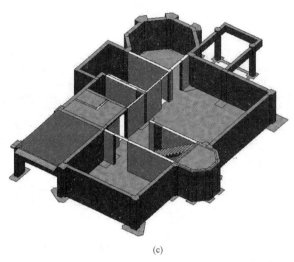

(c)

图 3.1-11（续）

2. 绘制墙裙

从楼层平面图以及立面图可以看出墙裙位置，下面以图 3.1-12 所示为例进行讲解（平面图：首层平面图，立面图：Ⓖ - Ⓐ轴立面）。

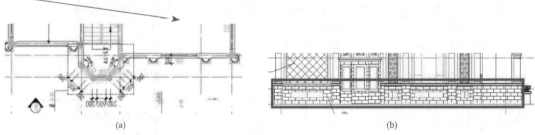

(a)　　　　　　　　　　　　　　　　(b)

图 3.1-12

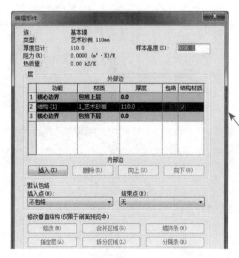

根据项目要求添加墙裙的墙类型，详细步骤与绘制内墙的方法一致，如图 3.1-13 所示。

图 3.1-13

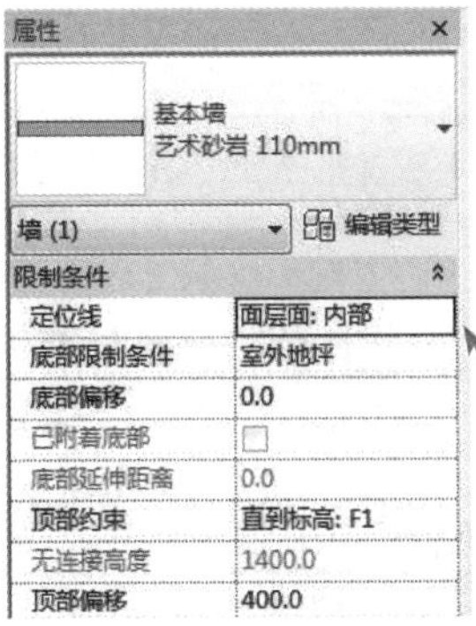

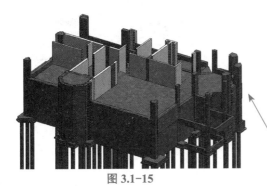

图 3.1-14

选择墙裙类型为"艺术砂浆岩 110 mm"，根据项目要求设置墙裙的限制条件，设置"底部限制条件"为"室外地坪"，"顶部约束"为"直到标高：F1"，"顶部偏移"为"400"（不同位置的墙裙限制条件不一样，要根据墙裙所在的位置来设置限制的条件），如图 3.1-14 所示。

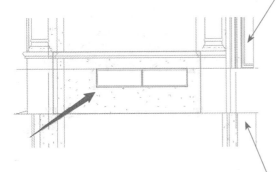

图 3.1-15

根据导入的首层平面图进行绘制，三维效果图如图 3.1-15 所示。

3. 编辑墙体轮廓

在项目浏览器中选择"立面（建筑立面）"→"西立面"选项，单击西立面视图中的墙裙，在"修改|墙"选项卡的"模式"面板中选择"编辑轮廓"选项（或双击墙体即可进入"编辑轮廓"模式）。

Revit 软件切换至"修改 | 墙 > 编辑轮廓"选项卡，在"绘制"面板中选择相应的绘制工具绘制图形，图形尺寸根据图纸的要求确定，绘制完成后，在"修改 | 墙 > 编辑轮廓"选项卡的"模式"面板中单击"完成"按钮，应注意的是，绘制时需要绘制闭合的轮廓，如图 3.1-16 所示。

图 3.1-16

图 3.1-17

绘制完成后，三维效果图如图 3.1-17 所示。其他墙裙轮廓的绘制方法与此一致。

4. 绘制外墙

单击楼层平面中的"F1"平面，创建新的墙体类型，方法详见绘制内墙，如图 3.1-18 所示，因为一层的外墙类型不止一种，所以需要根据图纸的要求选择合适的墙类型绘制墙。

选择对应的墙类型之后，设置墙体的限制条件，底部约束要考虑到结构墙的高度进行设置，顶部约束则需要根据梁的底部标高进行设置，如图 3.1-19 所示。

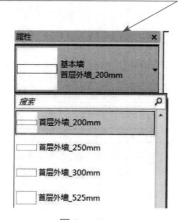

图 3.1-18

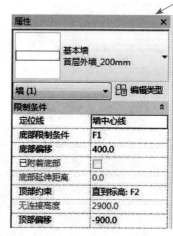

图 3.1-19

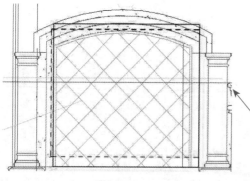

图 3.1-20

在绘制时因部分墙体是有弧度的，所以需要在绘制完成后编辑轮廓来完成墙体的轮廓绘制，在绘制有弧度的墙体时，可以先把墙体的顶部约束设置到梁的底部，如图 3.1-20 所示。

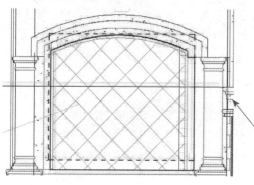

图 3.1-21

转到立面图，双击墙体进入"编辑轮廓"模式，根据 CAD 图纸的图形尺寸对墙体进行编辑，如图 3.1-21 所示。

弧形墙绘制完成后的三维效果图如图 3.1-22 所示。项目中的其他弧形墙的绘制方法与此一致。

图 3.1-22

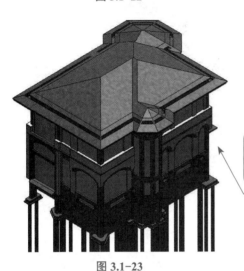

二层墙体的绘制方法与一层墙体的绘制方法一致，外墙墙体绘制完成后的三维效果图如图 3.1-23 所示。

图 3.1-23

三、墙饰条

（1）放置墙饰条。

切换成三维视图或立面视图，在"建筑"选项卡的"构建"面板中选择"墙"选项，在其下拉列表中选择"墙：饰条"选项，按照图纸，选择样板文件中给定的墙饰条，单击墙边即可生成相应的墙饰条，如图 3.1-24 所示。

(a)   (b)

图 3.1-24

（2）创建墙饰条。

单击应用程序菜单中的 ■ 按钮，在其下拉菜单中选择"新建"→"族"命令，如图 3.1-25（a）所示，系统弹出"新族 – 选择样板文件"对话框，在该对话框中双击"公制轮廓 .rft"族样板，如图 3.1-25（b）所示。

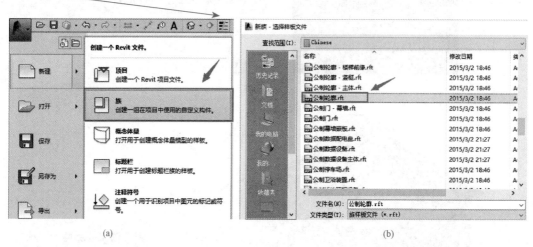

(a)

(b)

图 3.1-25

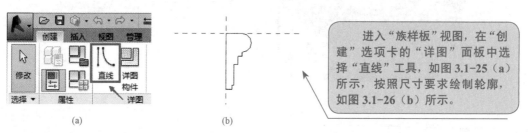

(a)

(b)

进入"族样板"视图，在"创建"选项卡的"详图"面板中选择"直线"工具，如图 3.1-25（a）所示，按照尺寸要求绘制轮廓，如图 3.1-26（b）所示。

图 3.1-26

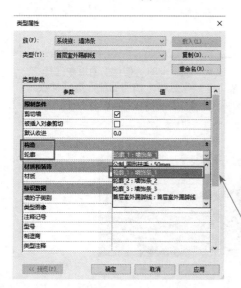

保存该轮廓，载入项目中，到项目文件中单击绘制墙饰条，复制一份，将轮廓改为载入的轮廓即可，如图 3.1-27 所示（散水及分隔条的创建方法与此法相同）。

图 3.1-27

第二节　门、窗和其他构件

门和窗是建筑物的重要组成部分，也是主要围护构件之一，对保证建筑物能够正常、安全和舒适地使用具有很大的影响力。门的主要作用是交通联系、紧急疏散，还有采光和通风的作用；窗的主要作用是采光、通风和供人眺望。门和窗位于外墙上，作为建筑物外墙的组成部分，对建筑立面的装饰和造型起着非常重要的作用。

一、门和窗的创建

1. 放置门

（1）载入门族。

> Revit 软件自带族库中提供了大量的门、窗族，用户可以根据项目需求选择使用。平面视图、立面视图、三维视图中都可以放置门、窗。在任意视图中，单击"建筑"选项卡的"创建"面板，选择"门" 工具，再在"属性"对话框中单击"编辑类型"按钮，将弹出"类型属性"对话窗，如图 3.2-1 所示。在该对话框中单击"载入"按钮，系统弹出"打开"对话框，选择"建筑"文件夹中的"门"文件夹，选择项目所需的门族后单击"打开"按钮，该门族将会载入"类型选择器"中，再次单击"确定"按钮即可载入项目。

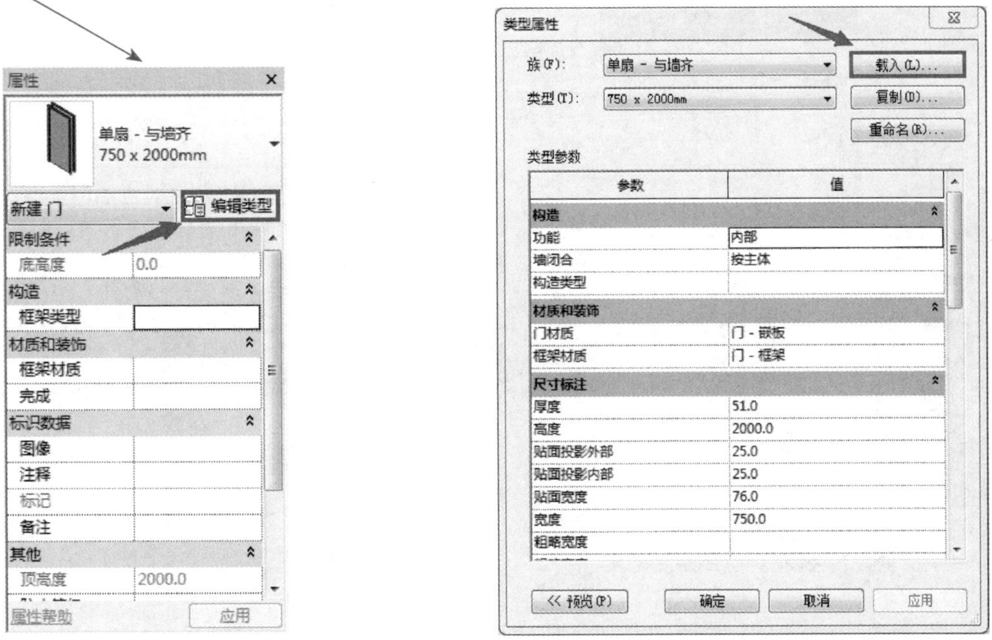

(a)

(b)

图 3.2-1

（2）修改类型属性。

图 3.2-2

在"类型属性"对话框中单击"复制"按钮，将会弹出"名称"对话框，修改名称，如图 3.2-2 所示。

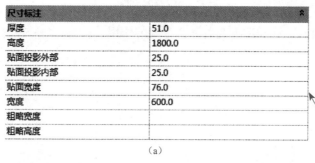

（a）

尺寸标注	
厚度	51.0
高度	1800.0
贴面投影外部	25.0
贴面投影内部	25.0
贴面宽度	76.0
宽度	600.0
粗略宽度	
粗略高度	

类型标记	M0618

（b）

图 3.2-3

单击"确定"按钮返回"类型属性"对话框，修改其"高度""宽度"数值，如图 3.2-3（a）所示。为方便在后期出图时标记门的型号，故在"标识数据"列表的"类型标记"框中输入门的编号，如图 3.2-3（b）所示。

（3）门标记。

图 3.2-4

上一步的"类型标记"完成之后，在"修改|放置门"选项卡的"标记"面板中选择"在放置时进行标记"选项，再进行门构件的放置即可，如图 3.2-4 所示。

（4）放置。

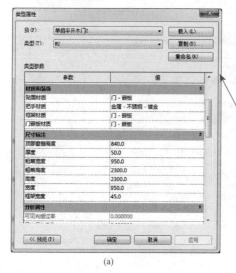

（a）

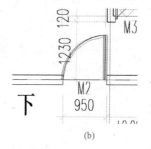

（b）

图 3.2-5

切换至"F1"平面图，选择对应的门类型，根据导入的 CAD 图纸提供的门窗位置进行放置即可（例如"M2"），如图 3.2-5 所示。

选择"M2"类型后，将光标移动到 CAD 图提供的门位置处，使将要放置的门与 CAD 底图对齐后，单击鼠标进行放置。

（5）调整位置。

1）在放置门族之前，鼠标上下或左右移动，Revit 软件会自动调整门内、外的开启方向，按空格键可以调转门左、右的开启方向。放置完门之后，会显示门控件，单击门控件同样可以达到翻转效果。

2）完成门图元的放置之后，会出现临时标注，单击临时尺寸，根据底图标注的尺寸修改门距轴网之间的距离；或者利用"AL"快捷键对齐命令调整门的位置定位进行对齐，如图 3.2-6 所示。

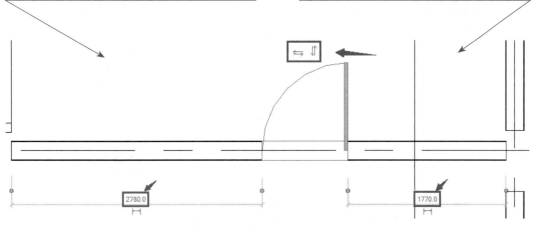

图 3.2-6

2. 放置窗

（1）窗族的载入方法、属性修改和放置标记与门族一样。

（2）放置：放置窗之前要结合 CAD 立面图，根据立面图的窗底高度来调整，如图 3.2-7（a）所示"北立面"的"C9"窗。

窗台的底高度与"F1"标高相距 1 000 mm，因此放置窗之前要将实例"属性"面板的"底高度"修改为 1 000，如图 3.2-7（b）所示。

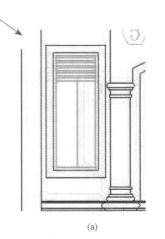

(a)

(b)

图 3.2-7

（3）根据 CAD 图纸对应的位置选择正确的窗类型放置，如图 3.2-8 所示。

（4）窗的位置调整方法与门一样。

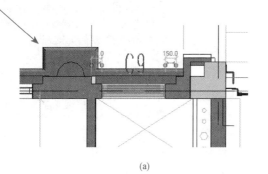

(a)　　　　　　　　　　　　　　　　　　　　(b)

图 3.2-8

放置完窗后的三维效果图如图 3.2-9 所示。

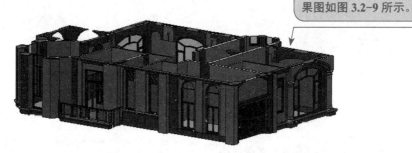

图 3.2-9

二、放置构件

1. 放置室外构件

（1）放置花钵。

切换至"F1"平面图，在"建筑"选项卡"构建"面板的"构件"下拉列表中选择"放置构件"工具，选择"花钵"构件，如图 3.2-10 所示。

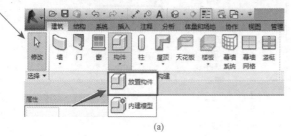

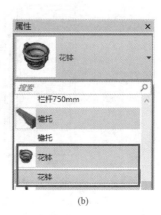

(a)　　　　　　　　　　　　　　　　　(b)

图 3.2-10

在"属性"面板中修改构件的限制条件，如标高、偏移量等，根据项目需要对其进行设置修改，如图 3.2-11 所示。

设置完限制条件后将鼠标移到底图的圆弧上，输入命令"SC"捕捉圆心，圆心出现后单击鼠标完成放置即可，如图 3.2-12 所示。其他花钵的放置方法同上。

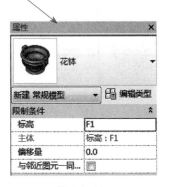

图 3.2-11

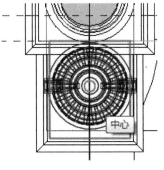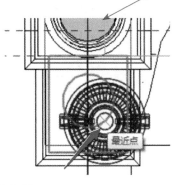

图 3.2-12

（2）放置圆形装饰块。

切换至"F2"平面图，在"建筑"选项卡"构建"面板的"构件"下拉列表中选择"放置构件"工具，选择圆形装饰块，如图 3.2-13 所示。

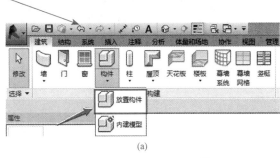

(a)

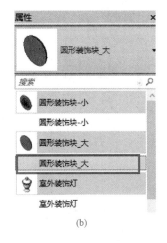

(b)

图 3.2-13

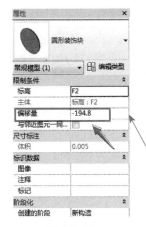

在"属性"对话框中修改构件的限制条件，如标高、偏移量等，把"标高"改为"F2"，把"偏移量"改为"−194.8"，根据项目需要对其进行设置修改，如图 3.2-14 所示。

图 3.2-14

把鼠标移至外装饰墙的外墙边，单击鼠标进行放置，可以利用空格键旋转构件将其放在不同的面上，放置完成后切换至立面图中再使用"移动" 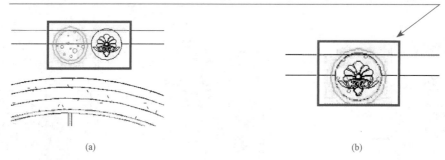 命令修改位置，如图 3.2-15 所示。

(a)　　　　　　　　　　　　　　　　　　(b)

图 3.2-15

（3）放置室外装饰灯。

载入室外装饰灯，切换至"F2"平面图，在"建筑"选项卡"构建"面板中的"构件"下拉列表中选择"放置构件"工具，选择载入的室外装饰灯，如图 3.2-16 所示。

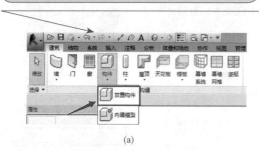

(a)　　　　　　　　(b)

图 3.2-16

在"属性"面板中修改构件的限制条件，如标高、偏移量等，把"标高"改为"F2"，把"偏移量"改为"450"，根据项目需要对其进行修改，如图 3.2-17 所示。

图 3.2-17

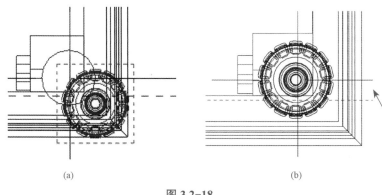

(a)　　　　　　　　　　　　　　(b)

图 3.2-18

> 把室外装饰灯放置在墙体上，再使用"移动"✛命令修改位置，或用放置花钵的对齐方法进行调整，如图 3.2-18 所示。

（4）放置装饰柱。

> 1）放置首层装饰柱：切换至"F1"平面图，选择"装饰柱_首层_270度"装饰柱，把"偏移量"改为"400.0"，如图 3.2-19 所示。

图 3.2-19

> 把鼠标移到 CAD 底图的圆弧上输入"SC"命令捕捉圆心，然后利用空格键把装饰柱旋转调好位置，单击鼠标进行放置，如图 3.2-20 所示。

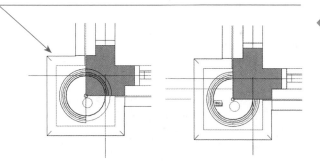

图 3.2-20

> "装饰柱_首层_270度""装饰柱_首层_90度"和"装饰柱_首层_180度"的放置方法同上，放置后的三维效果图如图 3.2-21 所示。

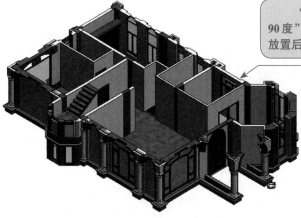

图 3.2-21

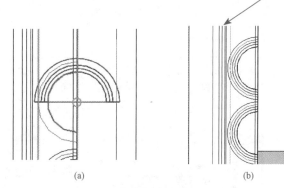

2）放置二层装饰柱：切换至"F2"平面图，选择"装饰柱_二层_180度"装饰柱，把"偏移量"改为"900.0"，如图 3.2-22 所示。

把鼠标移到 CAD 底图的圆弧上输入"SC"命令捕捉圆心，然后利用空格键把装饰柱旋转调好，单击鼠标进行放置，如图 3.2-23 所示。

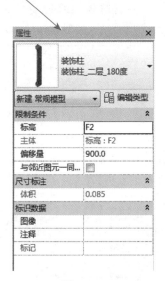

图 3.2-22

(a)　　　　　　　(b)

图 3.2-23

"装饰柱_二层_180度""装饰柱_二层_90度"和"装饰柱_二层_180度"的放置方法同上，最终的三维效果图如图 3.2-24 所示。

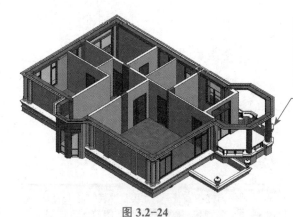

图 3.2-24

（5）放置檐托。切换到屋顶平面视图，在"建筑"选项卡"构建"面板的"构件"下拉列表中选择"放置构件"工具，选择"檐托"构件。

在"属性"对话框中修改构件的限制条件，如标高、偏移量等，把"标高"改为"屋顶"，如图 3.2-25 所示。

图 3.2-25

根据屋顶平面图绘制檐托，按空格键可以调整檐托的方向，放置后使用"对齐"命令将檐托对齐，如图 3.2-26 所示。

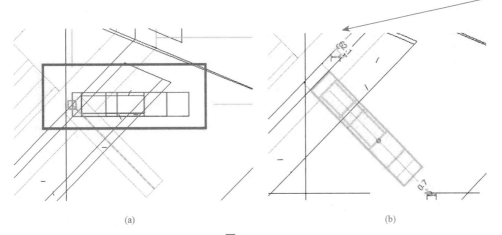

(a)   (b)

图 3.2-26

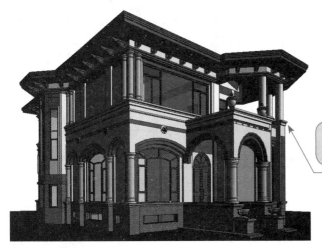

放置完全部室外构件之后的三维效果图如图 3.2-27 所示。

图 3.2-27

2. 放置室内构件

切换至"F1"平面图，在"建筑"选项卡"构建"面板的"构件"下拉列表中选择"放置构件"工具，系统弹出"修改 | 放置 构件"选项卡，在"模式"面板中单击"载入族"工具，系统弹出"载入族"对话框，选择"建筑"→"卫生器具"→"3D"→"常规卫浴"文件夹，选择需要放置的器具，如图 3.2-28 所示。

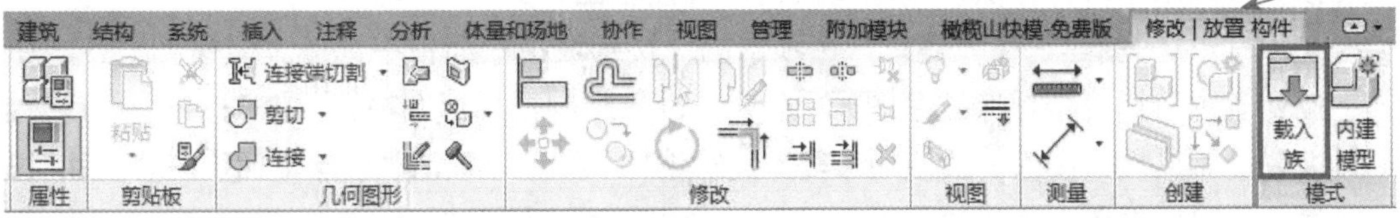

图 3.2-28

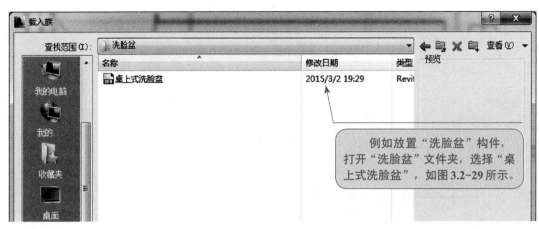

图 3.2-29

例如放置"洗脸盆"构件，打开"洗脸盆"文件夹，选择"桌上式洗脸盆"，如图 3.2-29 所示。

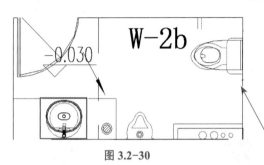

图 3.2-30

放置构件时把鼠标移到 CAD 底图的位置，利用空格键进行方向调整，单击鼠标进行放置，确认之后可以利用"移动"命令调整位置，如图 3.2-30 所示。其他室内构件的放置方法同上。

第三节 楼梯、坡道和栏杆

一、楼梯工具

楼梯是建筑设计中一个非常重要的构件，Revit 软件可以通过定义楼梯梯段或通过绘制踢面线和边界线的方式快速创建直跑楼梯、L 形楼梯、U 形楼梯和螺旋楼梯等各种楼梯。

1. 创建楼梯

楼梯可以采用两种方法来创建（按构件和按草图）。

（1）按草图创建。在"建筑"选项卡的"楼梯坡道"面板中选择"楼梯"工具，在其下拉列表中选择"楼梯（按草图）"选项，进入绘制楼梯草图模式。

设置类型属性：楼梯一般使用"整体浇筑楼梯"类型，双击"楼层平面"中的"F1"，在"属性"对话框单击"编辑类型"按钮，弹出"类型属性"对话框。

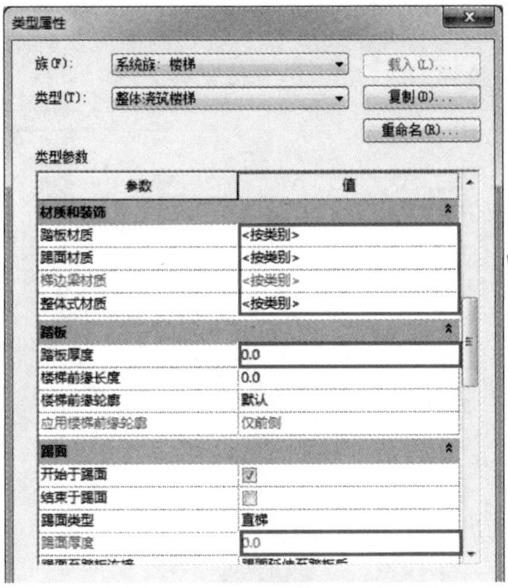

图 3.3-1

在"类型"下拉列表中选择"整体浇筑楼梯"选项，再设置其踏板和踢面的材质和厚度，如图 3.3-1 所示（注：踢面厚度需要先设置踏板厚度的参数，在其应用或确定后才能设置）。

设置实例属性：在"属性"对话框设置限制条件和尺寸标注。

图 3.3-2

设置限制条件，如"F1"至"F2"，并设置其宽度、踢面数和踏板深度，系统会自动计算实际踢面数和踢面高度，如图 3.3-2 所示。

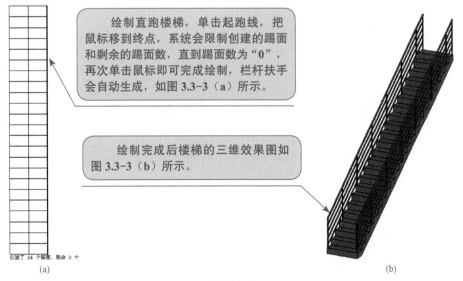

绘制直跑楼梯，单击起跑线，把鼠标移到终点，系统会限制创建的踢面和剩余的踢面数，直到踢面数为"0"，再次单击鼠标即可完成绘制，栏杆扶手会自动生成，如图 3.3-3（a）所示。

绘制完成后楼梯的三维效果图如图 3.3-3（b）所示。

(a)

(b)

图 3.3-3

L 形楼梯可分两次绘制。为了方便捕捉绘制，建议先绘制参照平面。先绘制第一跑梯段，再绘制第二跑梯段，以参照平面的交点作为起跑线，直到把梯段绘制完成，如图 3.3-4 所示。

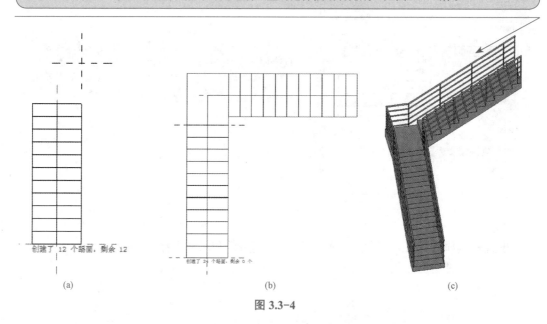

(a) (b) (c)

图 3.3-4

（2）按构件创建。在"建筑"选项卡的"楼梯坡道"面板中选择"楼梯"工具，在其下拉列表中选择"楼梯（按构件）"选项，进入创建楼梯模式。

设置类型属性：在"属性"对话框中单击"编辑类型"按钮，在"类型属性"对话框的"族"下拉列表中选择"系统族：现场浇筑楼梯"选项。在"计算划则"栏可以设置其"最大踢面高度""最小踏板深度"和"最小梯段宽度"，在"构造"栏还可设置其"梯段类型"和"平台类型"，如图 3.3-5 所示。

单击"梯段类型"后的参数值可对梯段的厚度和材质进行修改，还可添加"踏板"和"踢面"，并设置厚度，如图 3.3-6 所示。

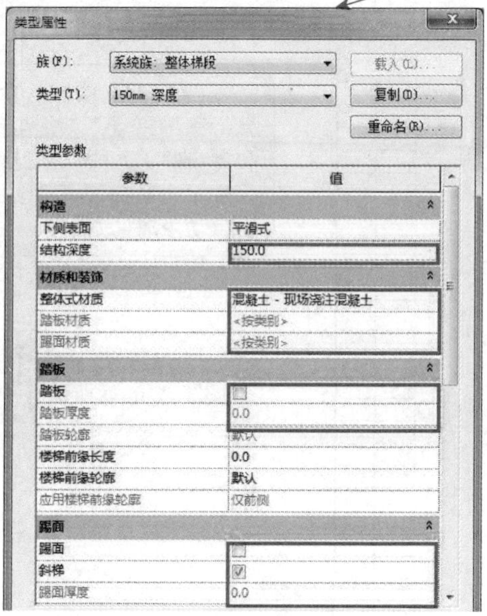

图 3.3-5

图 3.3-6

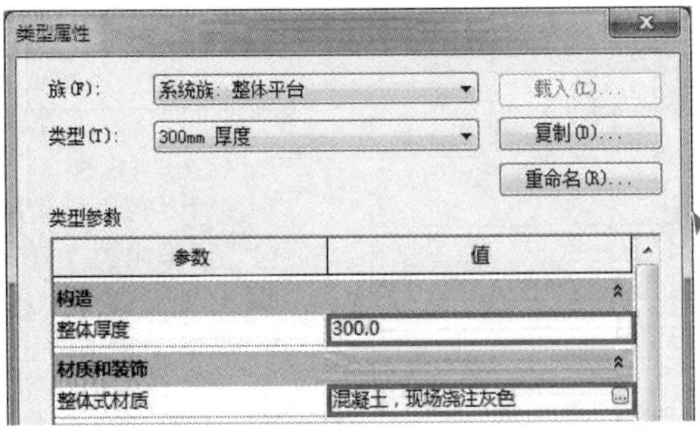

单击"整体厚度"后的参数值可对平台的厚度和材质进行修改，如图 3.3-7 所示。

图 3.3-7

设置实例属性：先设置其限制条件，如设置"底部标高"为"F1"，设置"顶部标高"为"F2"，再设置其尺寸标注里的踢面数和踏板深度，如图 3.3-8 所示。

图 3.3-8

2. 楼梯（按构件）

（1）打开案例提供的项目文件，切换至"B1"平面视图。在"建筑"选项卡的"楼梯坡道"面板中选择"楼梯"工具，在其下拉列表中选择"楼梯（按构件）"选项，如图 3.3-9 所示。

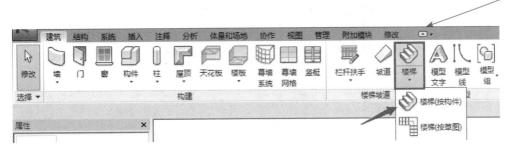

图 3.3-9

Revit 软件会自动跳转至"修改 | 创建楼梯"选项卡，如图 3.3-10 所示。

图 3.3-10

(a)

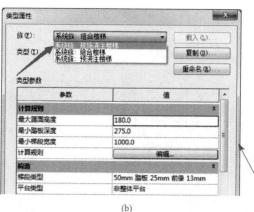

(b)

（2）修改类型属性：单击"属性"面板中的"编辑类型"按钮，会弹出"类型属性"对话框，如图 3.3-11 所示。

图 3.3-11

(a)

(b)

（3）单击"族"下拉按钮，在其下拉列表中选择"系统族：现场浇注楼梯"选项，根据梯段构造要求编辑"最大踢面高度""最小踏板深度""最小梯段宽度"和所需踢面数，之后开始绘制楼梯，如图 3.3- 12 所示。

图 3.3-12

（4）在打开的"B1"平面视图中，按照导入的 CAD 图纸绘制楼梯，在"修改 | 创建楼梯"选项卡"构件"面板的"梯段"列表框中选择"直梯"工具进行绘制，如图 3.3-13 所示。

图 3.3-13

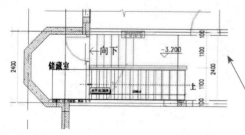

绘制楼梯时，Revit 软件会在左下方提示已经创建的踏面数和剩余多少踏面数。当剩余踏面数为 0 时，单击鼠标即可完成绘制，如图 3.3-14 所示。

图 3.3-14

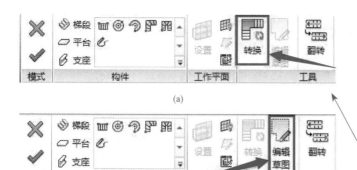

(a)

(b)

图 3.3-15

选中绘制完成的平台，在"工具"面板中单击"转换"按钮将平台更改为草图样式，并单击"编辑草图"按钮，如图 3.3-15 所示。

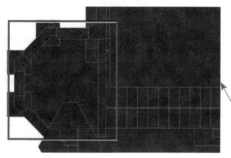

图 3.3-16

将平台草图线修改至与墙贴合，然后单击"完成"按钮，如图 3.3-16 所示。创建完成后会自动生成栏杆扶手。

二、坡道工具

（1）将平面视图切换至"F1"视图，在"建筑"选项卡的"楼梯坡道"面板中选择"坡道"工具，如图 3.3-17 所示。

图 3.3-17

（2）Revit 软件将会自动切换至"修改 | 创建坡道草图"选项卡，在"绘制"面板中选择相应的绘制工具，如图 3.3-18 所示。

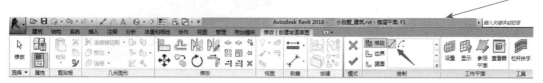

图 3.3-18

（3）在坡道"属性"对话框中，设置其限制条件："底部标高"为"F1"，"底部偏移"为"-1000.0"，"顶部标高"为"F2"，"顶部偏移"为"-900.0"，如图3.3-19（a）所示。

单击"编辑类型"按钮，在弹出的"类型属性"对话框中更改坡道的造型、材质以及坡道最大斜坡长度和最大坡度，如图3.3-19（b）所示。

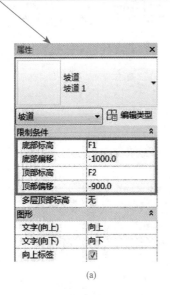

(a)

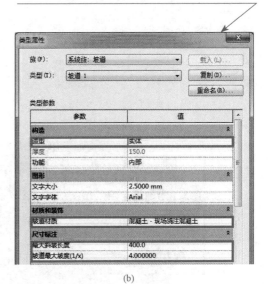

(b)

图 3.3-19

在车库入口处绘制坡道，宽度为3 100，绘制结束后单击"完成"按钮，然后把坡道自动生成的两侧栏杆删除，如图3.3-20所示。单击箭头可翻转坡道的方向。

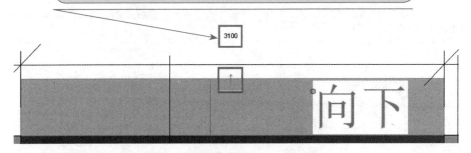

图 3.3-20

绘制完成后的坡道三维效果图如图3.3-21所示。

图 3.3-21

三、栏杆工具

Revit 软件可以将栏杆扶手作为独立构件添加到楼层，并将栏杆扶手附着到主体上（如楼板、楼梯和坡道等）。创建楼梯时，Revit 软件会自动创建栏杆扶手，还能在现有楼梯或坡道上放置栏杆扶手和绘制自定义栏杆扶手路径。

（1）栏杆扶手。

1）打开案例文件，将视图切换至"F1"视图，在"建筑"选项卡的"楼梯坡道"面板中选择"栏杆扶手"选项，在其下拉列表中选择"绘制路径"选项，如图 3.3-22 所示。

图 3.3-22

2）在弹出的"修改 | 创建栏杆扶手路径"选项卡中，根据项目需要，自行选择绘制工具创建栏杆，如图 3.3-23 所示。

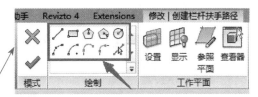

图 3.3-23

3）根据项目要求更改栏杆的类型，然后根据图纸绘制栏杆，绘制完成后单击"确定"按钮，如图 3.3-24 所示。

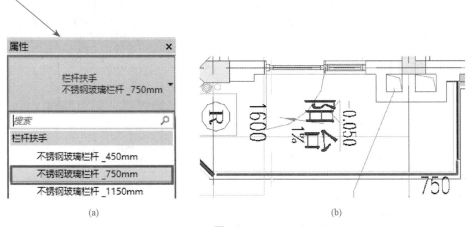

(a)　　　　　　　　　　　　　　　(b)

图 3.3-24

（2）栏杆的编辑。

1）在"建筑"选项卡的"楼梯坡道"面板中选择"栏杆扶手"选项，在其下拉列表中选择"绘制路径"选项，在"属性"面板中单击"编辑类型"按钮，系统弹出"类型属性"对话框。

2）在"类型属性"对话框中单击"复制"按钮，对栏杆类型重新命名。编辑扶栏结构，对名称、高度、偏移、轮廓、材质进行编辑，编辑完成后单击"确定"按钮，如图 3.3-25 所示。

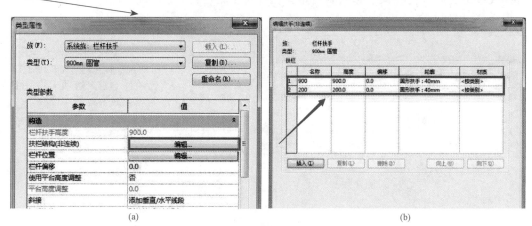

(a)　　　　　　　　　　　　　　　　(b)

图 3.3-25

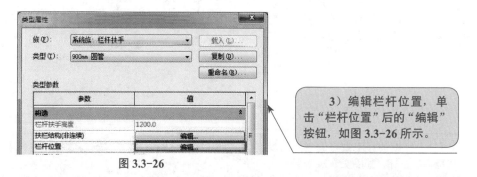

图 3.3-26

3）编辑栏杆位置，单击"栏杆位置"后的"编辑"按钮，如图 3.3-26 所示。

①首先修改主样式，选择已有栏杆进行复制。选择"嵌板 - 玻璃 800 mm"栏杆族，设置栏杆族的底部约束为"扶栏 2"、顶部约束为"扶栏 1-900"，设置相对前一栏杆的距离为 400，其余栏杆设置如图 3.3-27 所示（注：这是中心到中心的距离。另外，在"填充图"一栏中，"相对前一栏杆的距离"指的是以图中序号 1 为一个组，每组之间的距离）。

图 3.3-27

②选择对齐方式，对齐方式指的是栏杆从哪一个位置开始展开，如图3.3-28所示。

图 3.3-28

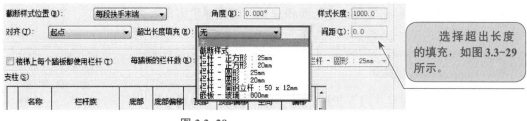

选择超出长度的填充，如图3.3-29所示。

图 3.3-29

如果楼梯每一个踏板都需要使用栏杆，那么可以勾选"楼梯上每个踏板都使用栏杆"选项，并设置每踏板的栏杆数以及栏杆族，如图3.3-30所示。

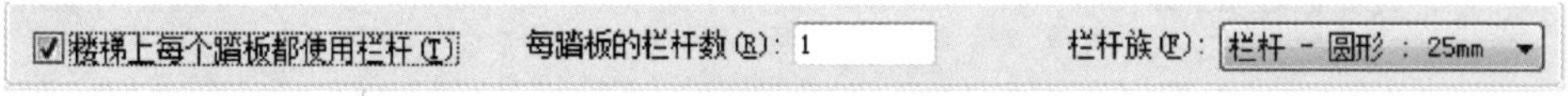

☑楼梯上每个踏板都使用栏杆(T)　　每踏板的栏杆数(R): 1　　　　栏杆族(F): 栏杆 - 圆形 : 25mm ▼

图 3.3-30

③可以编辑起点、转角和终点支柱的栏杆族，以及其底部与顶部的约束条件等，如图3.3-31所示。

(a)

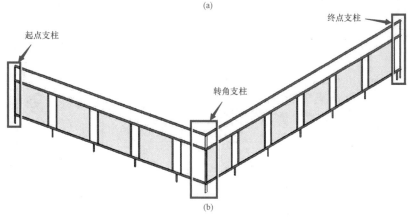

(b)

图 3.3-31

第四节 房间的创建

在 Revit 软件中可以创建"房间"构件，从而自动统计各个房间的面积和体积。本节在平面图中创建和标记房间，进行面积分析，创建颜色方案等属性参数。

一、创建房间

（1）将视图切换至"F1"视图。

> 在"建筑"选项卡的"房间和面积"面板中选择"房间"工具，Revit 软件会自动跳转至"修改 | 放置 房间"选项卡，如图 3.4-1 所示。

图 3.4-1

> 若要随房间显示房间标记，就要选择"在放置时进行标记"选项，在"修改 | 放置房间"选项卡的"标记"面板中选择"在放置时进行标记"选项；若要在放置房间时忽略房间标记，则需关闭此选项，如图 3.4-2 所示。

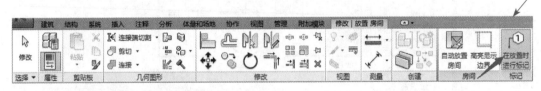

图 3.4-2

（2）放置房间。

> 移动鼠标会出现 X 形带有蓝色边框的房间，将鼠标移至任意房间，Revit 软件会自动搜索到房间的边界，单击鼠标放置房间，同时生成房间标记显示房间名称，如图 3.4-3 所示。

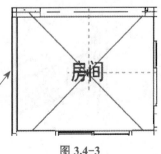

图 3.4-3

（3）设置属性。

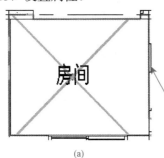

(a)

在已创建的房间对象内移动鼠标，直至房间有高亮"X"形显示，单击鼠标，如图 3.4-4（a）所示。

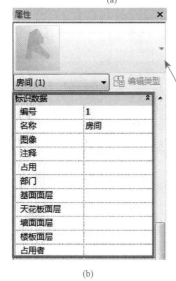

(b)

在"属性"面板中可修改房间的名称或其他属性，如图 3.4-4（b）所示。

在"属性"面板中的"尺寸标记"区域会有房间的面积和周长等数据，如图 3.4-4（c）所示。

(c)

图 3.4-4

（4）房间分隔线。

图 3.4-5

在居住建筑当中，经常会有客厅、餐厅，而这些空间有时候是没有用墙分隔开来的，这就需要用"房间分隔线"进行分隔。在"建筑"选项卡的"房间和面积"面板中选择"房间分隔"工具，如图 3.4-5 所示。

Revit 软件将跳转至"修改|放置 房间分隔"选项卡，在"绘制"面板中选择合适的绘制工具进行绘制，完成绘制后便可放置房间，如图 3.4-6 所示。

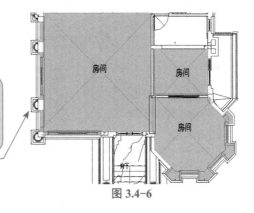

图 3.4-6

二、房间的面积

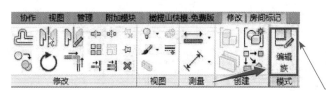

单击选中任意一房间名称，Revit软件将跳转至"修改|房间标记"选项卡，在"模式"面板中选择"编辑族"工具，进入修改族窗口，如图3.4-7所示。

图 3.4-7

在"编辑族"窗口选中标记，在"属性"面板中单击"编辑"按钮，系统弹出"编辑标签"对话框，如图3.4-8所示。

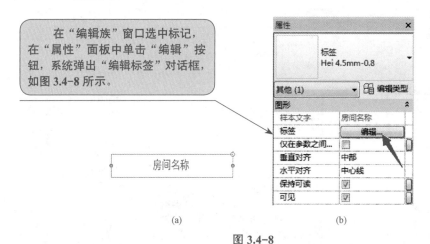

(a)

(b)

图 3.4-8

选择左侧列表框中的"面积"选项，单击"将参数添加到标签"按钮或双击相应的选项，把"标签参数"中的"样例值"改为"面积"，将"后缀"改为"平方米"后单击"确定"按钮，如图3.4-9所示。

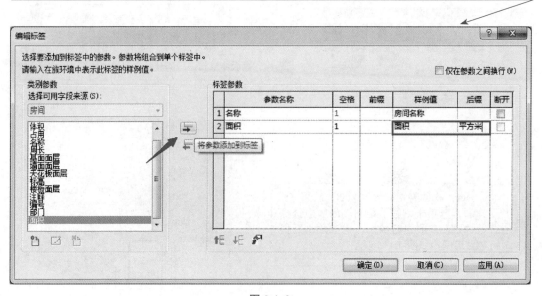

图 3.4-9

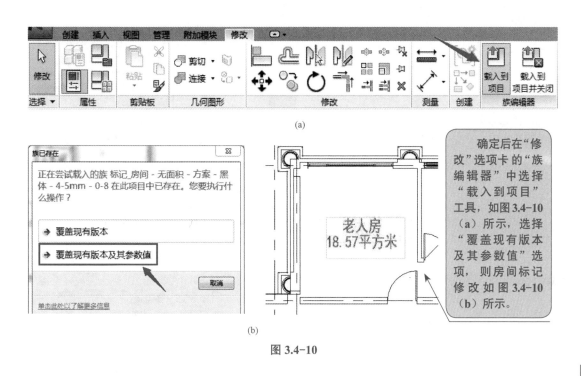

(a)

(b)

图 3.4-10

确定后在"修改"选项卡的"族编辑器"中选择"载入到项目"工具，如图 3.4-10（a）所示，选择"覆盖现有版本及其参数值"选项，则房间标记修改如图 3.4-10（b）所示。

三、房间颜色方案与图例

通过前面对"小别墅"项目房间的设置，颜色方案可将指定的房间和区域颜色应用到楼层平面视图和剖面视图中。

（1）创建方案平面图。

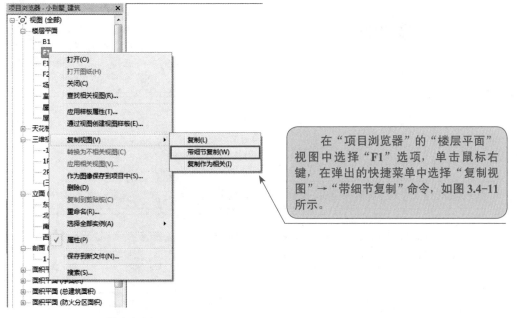

在"项目浏览器"的"楼层平面"视图中选择"F1"选项，单击鼠标右键，在弹出的快捷菜单中选择"复制视图"→"带细节复制"命令，如图 3.4-11 所示。

图 3.4-11

"项目浏览器"中会出现"F1 副本 1"视图,单击鼠标右键,在弹出的快捷菜单中选择"重命名"命令,在弹出的"重命名视图"对话框中将其修改为"F1 图例",如图 3.4-12 所示。

图 3.4-12

完成以上操作后,切换至"F1 图例"视图,在"视图"选项卡的"图形"面板中选择"可见性/图形"工具,如图 3.4-13(a)所示。

(a)

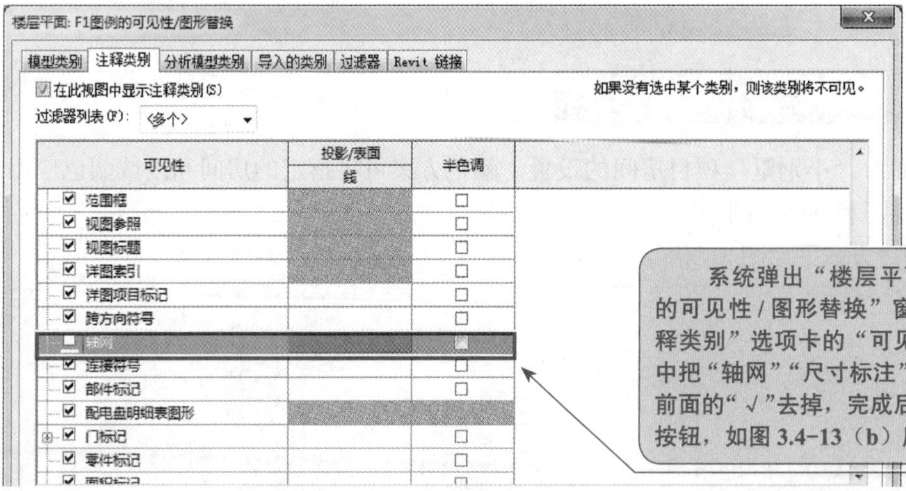

系统弹出"楼层平面:F1 图例的可见性/图形替换"窗口,在"注释类别"选项卡的"可见性"列表框中把"轴网""尺寸标注""参照平面"前面的"√"去掉,完成后单击"确定"按钮,如图 3.4-13(b)所示。

(b)

图 3.4-13

(2)创建房间颜色方案。

在"建筑"选项卡的"房间和面积"面板的下拉列表中选择"颜色方案"工具,如图 3.4-14 所示。

图 3.4-14

　　系统弹出"编辑颜色方案"对话框，在对话框的"方案"选项区域中的"类别"下拉列表中选择"房间"选项，并选中现有的方案单击鼠标右键复制一份，重命名为"F1 颜色方案"；将"方案定义"选项区域的"标题"改为"F1 标题"；在"颜色"下拉列表中选择"名称"选项作为本项目的颜色方案基础的参数（注：当选择颜色参数时，将会弹出"不保留颜色"对话框，单击"确定"按钮，颜色方案定义的值将会默认创建，可以根据项目需求对其进行修改），如图 3.4-15 所示。

图 3.4-15

（3）放置图例。

　　房间颜色方案创建完成之后，在"分析"选项卡的"颜色填充"面板中选择"颜色填充图例"工具，如图 3.4-16 所示。

图 3.4-16

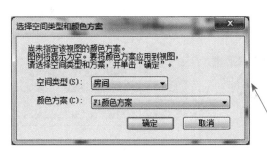

图 3.4-17

　　鼠标将会附带房间的图例，在绘图区域单击空白处放置时系统将弹出"选择空间类型和颜色方案"对话框，在"空间类型"下拉列表选择"房间"选项，在"颜色方案"下拉列表选择"F1 颜色方案"选项，单击"确定"按钮，如图 3.4-17 所示。

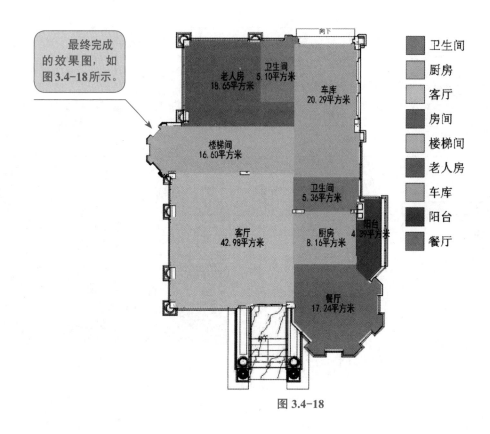

最终完成的效果图，如图3.4-18所示。

向下
老人房
18.65平方米
卫生间
5.10平方米
车库
20.29平方米
楼梯间
16.60平方米
卫生间
5.36平方米
客厅
42.98平方米
厨房
8.16平方米
阳台
4.39平方米
餐厅
17.24平方米
卫生间
厨房
客厅
房间
楼梯间
老人房
车库
阳台
餐厅

图 3.4-18

第五节 图纸与明细表的创建

Revit 软件具备图纸与明细表工具，可以将任意视图制作成图纸来指导施工，以及可以将项目中的工程量统计成明细表。本节主要讲解如何创建图纸、布置视图，以及创建明细表。

一、图纸的创建

（1）新建图纸。

视图
管理
附加模块
修改
渲染库
三维视图
剖面
详图索引
平面视图
立面
绘图视图
复制视图
图例
明细表
范围框
图纸
视图
创建

图 3.5-1

在“视图”选项卡的“图纸”面板中选择“图纸”工具，如图 3.5-1 所示。

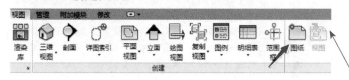

Revit 软件将会弹出"新建图纸"对话框，"选择标题栏"下方若没有合适的图纸图框，则需要单击"载入"按钮，如图 3.5-2（a）所示。

系统弹出"载入族"对话框，载入"标题栏"文件夹中项目所需要的图纸图框，选择后单击"确定"按钮，如图 3.5-2（b）所示。

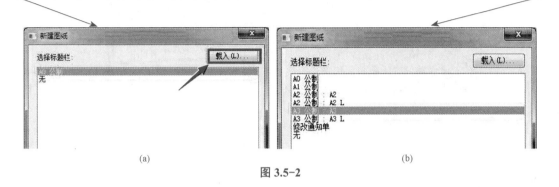

图 3.5-2

（2）图纸属性。

在"属性"对话框的"标识数据"选项栏中可以对"审核者""设计者""审图员""绘图员""图纸编号""图纸名称""图纸发布日期"等进行编辑，如图 3.5-3 所示。

图 3.5-3

（3）放置图纸。

单击"项目浏览器"中的"图纸（全部）"按钮，选择"J0-11"图纸，单击鼠标右键，选择"添加视图"命令，在弹出的"视图"对话框中选择需要添加的视图，单击"在图纸中添加视图"按钮，如图 3.5-4 所示。

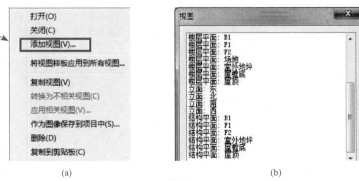

图 3.5-4

（4）修改图纸。

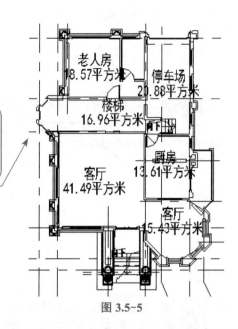

単击图纸中的视图，把引线
的长度调整好并把视图名称移到
视图中间，如图3.5-5所示。

老人房
18.57平方米

停车场
20.88平方米

楼梯
16.96平方米

厨房
13.61平方米

客厅
41.49平方米

客厅
15.43平方米

图 3.5-5

双击图纸里面的视图可以激活视图，进而修改其比例和进行其他视图控制，修改完成后单击鼠
标右键选择"取消激活视图"命令，如图3.5-6所示。

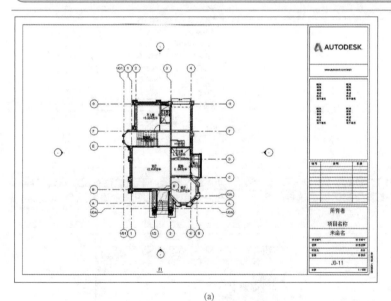

(a)

(b)

图 3.5-6

二、详图索引视图

1. 创建详图索引视图

切换至"F1"视图，在"视图"选项卡"创建"面板的"详图索引"工具下拉列表中选择"矩形"工具，框选出要制作详图的位置，此时"详图编号"和"图纸编号"还不能进行修改，如图3.5-7所示。

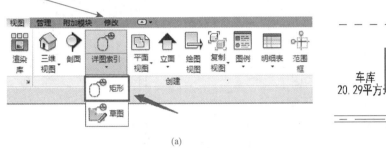

(a)

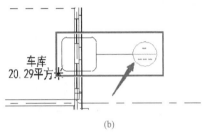

(b)

图 3.5-7

框选出需要绘制详图的位置之后，详图索引视图就会出现在楼层平面视图中，如图3.5-8所示。

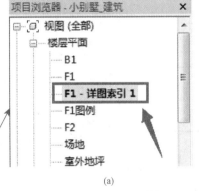

(a)

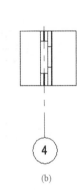

(b)

图 3.5-8

若在立面图上设置详图索引视图，则相应的详图索引视图就会出现在立面视图中，如图3.5-9所示。

(a)

(b)

图 3.5-9

（2）修改编号。

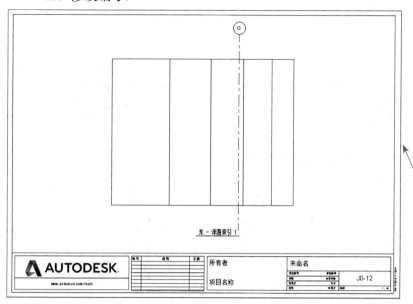

图 3.5-10

> 将相应的详图索引视图设置到相应图纸中，如图3.5-10所示。

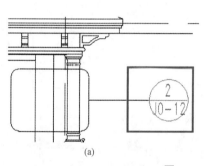

(a)

(b)

图 3.5-11

> 此时切换至"F1"视图，编号框中出现了相应的文字，这时便可对其编号进行修改。单击索引框，在"属性"面板中的"详图编号"栏里可修改其详图编号，如图 3.5-11 所示。

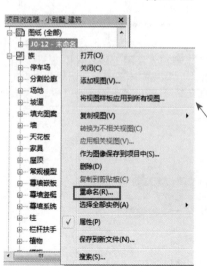

(a)

(b)

图 3.5-12

> 在"项目浏览器"图纸视图中"J0-12-未命名"图纸名称上单击鼠标右键，在弹出的快捷菜单中选择"重命名"命令可以修改其图纸编号，如图 3.5-12 所示。

2. 利用 CAD 详图

在"视图"选项卡的"创建"面板中选择"绘图视图"工具，系统弹出"新绘图视图"对话框，在对话框中把"名称"和"比例"改为与 CAD 图纸中对应的名称及比例，如图 3.5-13 所示。

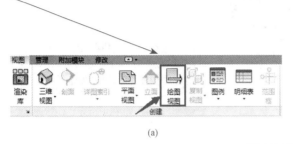

(a)

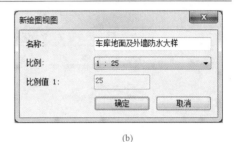

(b)

图 3.5-13

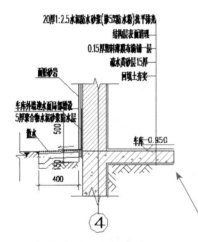

单击"确定"按钮后导入 CAD 图纸，如图 3.5-14 所示，然后按照前述创建详图索引视图的方法创建图纸并把详图拖拽进图纸中。

图 3.5-14

切换至"F1"视图，再在"视图"选项卡"创建"面板的"详图索引"下拉列表中选择"矩形"工具，Revit 软件将跳转至"修改|详图索引"选项卡，在"参照"面板中勾选"参照其他视图"选项，在下面的下拉列表中选择"绘图视图：车库地面及外墙防水大样（1/J0-15）"选项，框选出 CAD 中详图的位置，如图 3.5-15 所示。

(a)

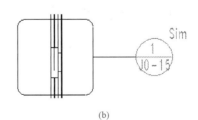

(b)

图 3.5-15

三、图纸的导出

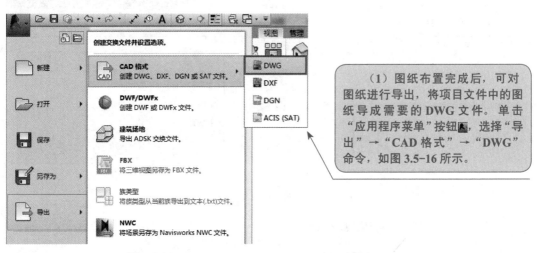

图 3.5-16

（1）图纸布置完成后，可对图纸进行导出，将项目文件中的图纸导成需要的 DWG 文件。单击"应用程序菜单"按钮，选择"导出"→"CAD 格式"→"DWG"命令，如图 3.5-16 所示。

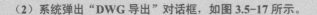

（2）系统弹出"DWG 导出"对话框，如图 3.5-17 所示。

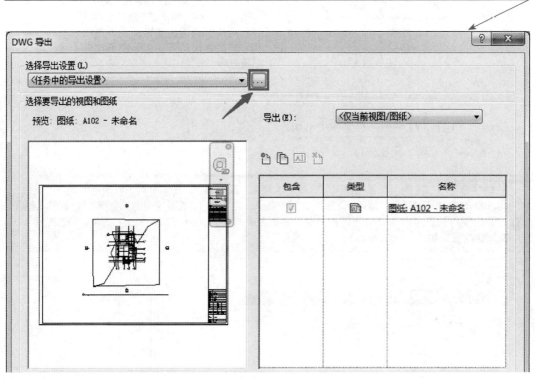

图 3.5-17

在"选择导出设置"选项区域单击"修改导出设置"按钮，系统弹出"修改 DWG/DXF 导出设置"对话框，在对话框中可以设置其属性，如图 3.5-18 所示。

图 3.5-18

（3）属性设置完成后单击"确定"按钮返回"DWG 导出"对话框，在"导出"下拉列表中选择"< 任务中的视图 / 图纸集 >"选项，在"按列表显示"下拉列表中选择"模型中的图纸"选项，再单击下方的"选择全部"按钮，如图 3.5-19 所示。

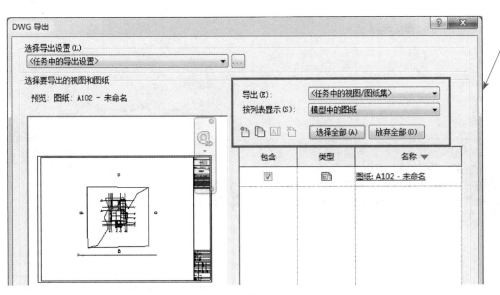

图 3.5-19

图 3.5-20

单击"下一步"按钮，系统将会切换至"导出 CAD 格式－保存到目标文件夹"对话框，取消勾选"将图纸上的视图和链接作为外部参照导出"选项后单击"确定"按钮，如图 3.5-20 所示。

四、明细表的创建

明细表用来确定并分析在项目中使用的构件和材质。明细表是模型的另一种视图，以表格形式显示信息，这些信息是从项目中的图元属性中提取的。明细表可以列出要编制明细表的图元类型的每个实例，或根据明细表的组成标准将多个实例压缩到一行中。

图 3.5-21

（1）创建门明细表：打开项目文件，在"视图"选项卡"创建"面板的"明细表"下拉列表中选择"明细表／数量"选项，如图 3.5-21 所示。

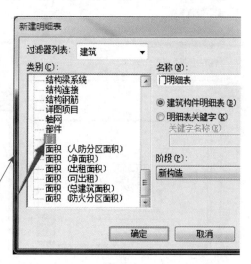

图 3.5-22

（2）选择类别：选择"明细表／数量"选项后，系统将会弹出"新建明细表"对话框，在对话框的"类别"列表框中，选择"门"选项，选择"建筑构件明细表"单选框，单击"确定"按钮完成类别选择，如图 3.5-22 所示。

图 3.5-23

（3）字段设置：系统弹出"明细表属性"对话框后，对明细表属性进行设置，在"字段"选项卡中选择可用的字段，单击"添加"按钮，在"明细表字段（按顺序排列）"列表框中将会出现添加的字段，添加完成后单击"确定"按钮，如图 3.5-23 所示。

图 3.5-24

（4）过滤器设置：在"过滤器"选项卡中，可以通过选择"过滤条件"下拉列表中的选项，如类型标记、高度、宽度等进行过滤，统计出需要的构件；如果过滤添加为"（无）"，Revit 软件将会统计出项目中所有的门构件，如图 3.5-24 所示。

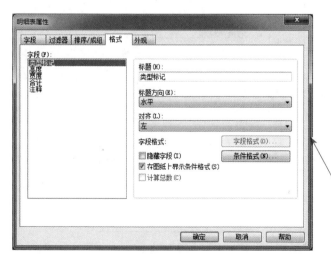

图 3.5-25

（5）格式设置：单击切换至"格式"选项卡，选择"字段"列表框中的选项，修改其标题名称、标题方向、对齐样式，并设置相应的字段格式，如图 3.5-25 所示。

图 3.5-26

（6）设置外观：单击切换至"外观"选项卡，在"图形"选项区域中勾选"网格线"选项，在"文字"选项区域中勾选"显示标题""显示页眉"选项，修改"标题文本""标题""正文"的文字样式，如图3.5-26所示。

（7）单击"确定"按钮，系统将会弹出"〈门明细表〉"视图，如图3.5-27所示。

（8）成组：将〈门明细表〉中的"宽度"与"高度"进行合并成组，生成新的单元格，移动鼠标至"宽度"列，将其拖动至"高度"列，单击"标题和页眉"面板中的"成组"按钮，如图3.5-28所示。

〈门明细表〉

A 类型标记	B 宽度	C 高度	D 合计
MC1533	1500	3000	1
M1632	1600	3200	1
M0823	850	2300	1
M0923	950	2300	1
M0823	850	2300	1
M1823	1800	2300	1
M0923	950	2300	1
JLM3133	3100	3000	1
LC2528	2500	2800	1
M0823	850	2300	1
M0923	950	2300	1
M0923	950	2300	1
M0823	850	2300	1
M0823	850	2300	1
M0923	950	2300	1
LC2029	2000	2950	1
M1423	1400	2300	1
M0820	850	2000	1
M1023	1050	2300	1
M0823	850	2300	1
M0723	750	2300	1
M0823	850	2300	1
M0823	850	2300	1
M1023	1050	2300	1

图 3.5-27

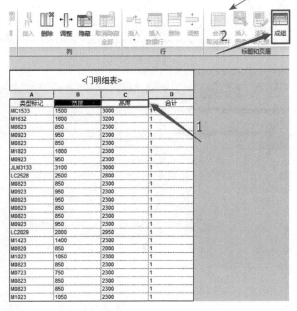

图 3.5-28

<门明细表>			
A	**B**	**C**	**D**
	尺寸		
类型标记	宽度	高度	合计
MC1533	1500	3000	1
M1632	1600	3200	1
M0823	850	2300	1
M0923	950	2300	1
M0823	850	2300	1
M1823	1800	2300	1
M0923	950	2300	1
JLM3133	3100	3000	1
LC2528	2500	2800	1
M0823	850	2300	1
M0923	950	2300	1
M0923	950	2300	1
M0823	850	2300	1
M0823	850	2300	1
M0923	950	2300	1
LC2029	2000	2950	1
M1423	1400	2300	1
M0820	850	2000	1
M1023	1050	2300	1
M0823	850	2300	1
M0723	750	2300	1
M0823	850	2300	1
M0823	850	2300	1
M1023	1050	2300	1

（9）输入数据：在新创建的"页眉"文本框中输入"尺寸"，如图 3.5-29 所示。

图 3.5-29

在明细表中，可以通过给现有字段应用计算公式来求得需要的值，例如，可以根据每一种门类型的洞口面积创建项目中所有门的洞口面积的门类型明细表。

（1）按上述步骤新建构件类型明细表，如门类型明细表，选择统计字段——类型标记、高度、宽度、合计，并设置其他表格属性。

（2）在"属性"面板中单击"字段"参数后的"编辑"按钮，系统弹出"明细表属性"对话框，打开对话框中的"字段"选项卡。

（3）单击"计算值"按钮，系统弹出"计算值"对话框，在对话框中输入名称、计算公式（如"宽度＊高度"），选择对应的字段类型，单击"确定"按钮。

（4）明细表中会添加一列"洞口面积"，其值自动计算，如图 3.5-30 所示。

(a)

(b)

图 3.5-30

第六节 | Revit 建筑与结构综合练习

一、绘制墙体

按照图 3.6-1 所示，新建项目文件，创建轴网、墙类型，设置墙材质，并将其命名为"练习－外墙"及"练习－内墙"。以 4 m 为墙高，外墙定位线以面层面内部为基准；门对位置不作精确要求，参考图中取适当位置即可；最终以"练习－墙体"为文件名进行保存。

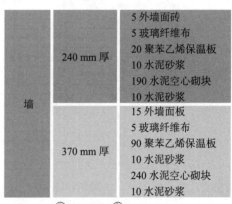

墙	240 mm 厚	5 外墙面砖 5 玻璃纤维布 20 聚苯乙烯保温板 10 水泥砂浆 190 水泥空心砌块 10 水泥砂浆
	370 mm 厚	15 外墙面板 5 玻璃纤维布 90 聚苯乙烯保温板 10 水泥砂浆 240 水泥空心砌块 10 水泥砂浆

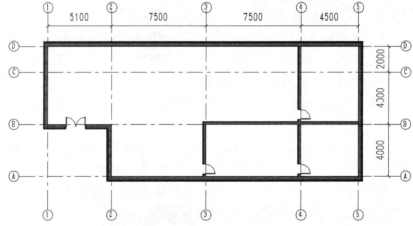

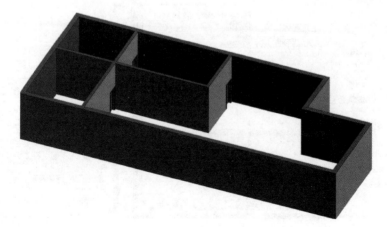

图 3.6-1

106

二、绘制梁柱

按照图 3.6-2 所示，新建项目文件，创建轴网、结构柱及结构梁，Z1 尺寸为 400 mm×400 mm，底部标高为 ±0.000，顶部标高为 3.000 m，L1 尺寸为 400 mm×500 mm，梁顶部标高为 3.000 m。最终以"练习 – 梁柱"为文件名进行保存。

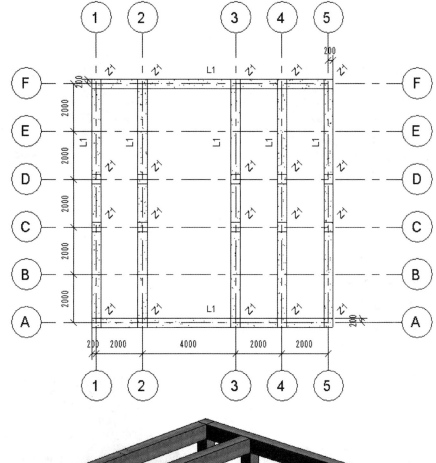

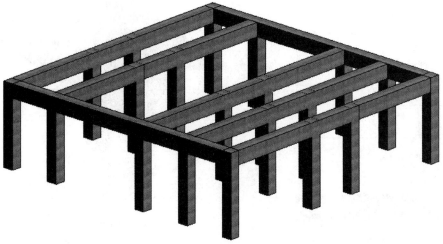

图 3.6-2

三、绘制楼板

按照图 3.6-3 所示，新建项目文件，新建楼板，板厚为 150 mm，顶部所在标高为 ±0.000，楼板底部保持平整，上部进行放坡，创建楼板并最终以"练习 – 楼板"为文件名进行保存。

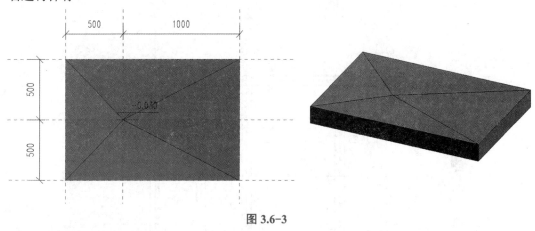

图 3.6-3

四、绘制屋顶

按照图 3.6-4 所示，新建项目文件，新建屋顶，厚度为 125 mm，屋顶坡度为 30°，底部所在标高为 4.000 m，创建屋顶并最终以"练习 – 屋顶"为文件名进行保存。

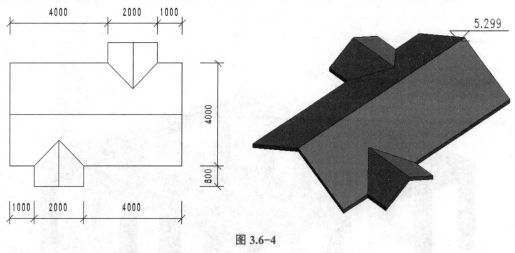

图 3.6-4

五、绘制栏杆扶手

按照图 3.6-5 所示，新建项目文件，新建栏杆扶手，顶部扶手高度为 900 mm，类型为"圆形：40 mm"；底部扶栏高度为 150 mm，类型为"圆形：40 mm"；其余栏杆类

型为"圆形：25 mm"，嵌板玻璃类型为 800 mm，最终以"练习 – 栏杆扶手"为文件名
进行保存。

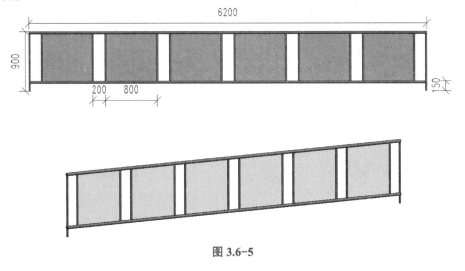

图 3.6–5

六、绘制楼梯

按照图 3.6-6 所示，新建项目文件，新建楼梯，实际踏板宽度为 280 mm，实际踢面
高度为 200 mm，最终以"练习 – 楼梯"为文件名进行保存。

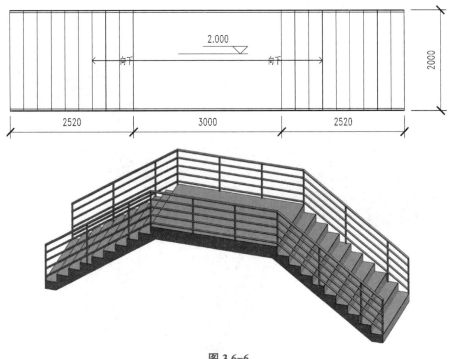

图 3.6–6

109

七、绘制平行双分楼梯

按照图 3.6-7 所给出的平行双分楼梯平面图及三维效果图创建楼梯模型，其中楼梯高度为 4 m，所需梯面数为 24 个，其他建模所需尺寸参考图纸自定。

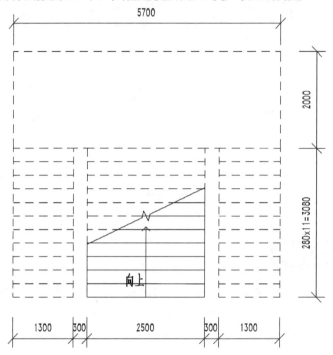

图 3.6-7

110

八、绘制异型多坡屋顶

按照图 3.6-8 所给出的屋顶图纸及三维效果图创建屋顶模型，屋顶厚度为 125 mm，屋顶坡度为 30°，其他建模所需尺寸参考图纸自定，

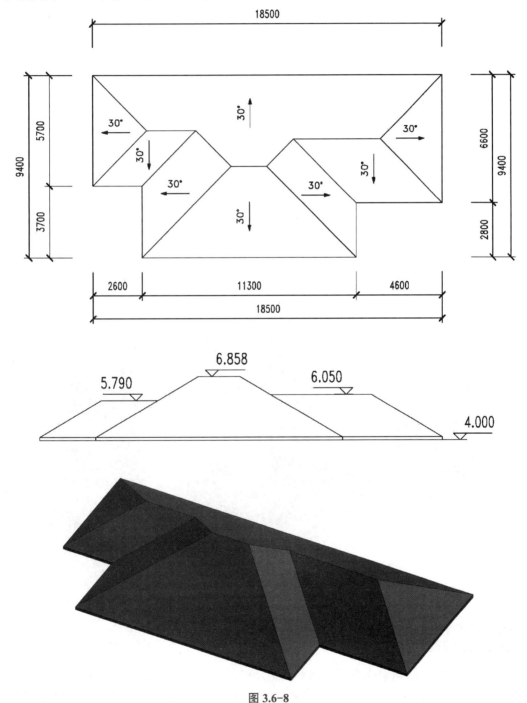

图 3.6-8

九、绘制圆形开孔墙

按照图 3.6-9 所给出的墙立面图及三维效果图创建异形墙模型，墙体高度为 4 m，墙体厚度为 200 mm，其他建模所需尺寸参考图纸自定。

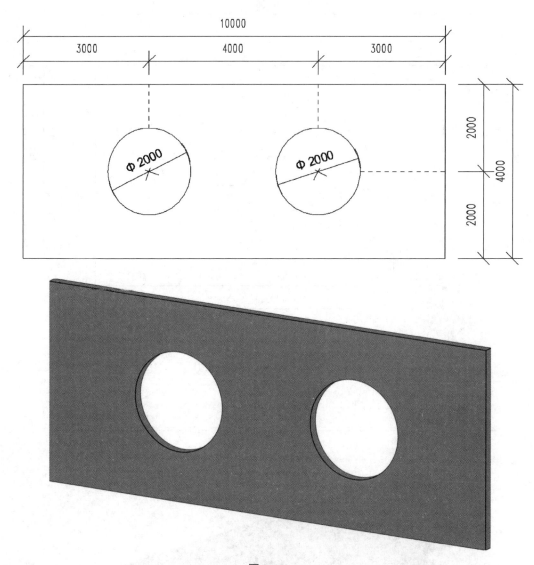

图 3.6-9

十、绘制弧形楼梯

按照图 3.6-10 所给出的弧形楼梯平面图及三维效果图创建弧形楼梯模型，楼梯高度为 3.5 m，楼梯宽度为 1 000 mm，所需踢面数为 21 个，其他建模所需尺寸参考图纸自定。

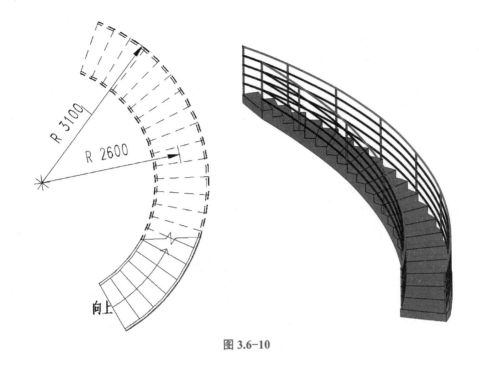

图 3.6-10

十一、绘制台阶坡道

按照图 3.6-11 所给出的台阶坡道平面图及三维效果图创建通道模型，通道底部为
±0.000，高度为 500 mm，建模所需尺寸参考图纸自定。

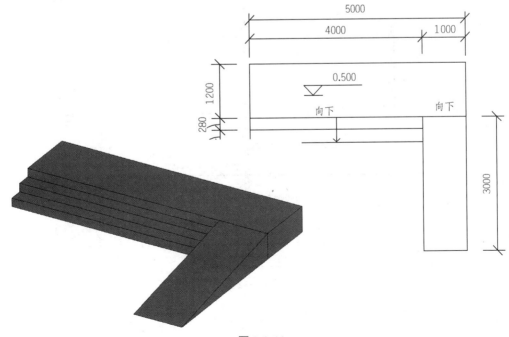

图 3.6-11

113

十二、小模型练习

根据图3.6-12～图3.6-22所示图纸及三维效果图新建项目文件，模型按照图纸绘制，墙体厚度为240 mm，屋顶坡度均为30°，屋顶厚度为150 m，未标明的尺寸与材质不作明确要求，最终以"练习－模型"为文件名进行保存。

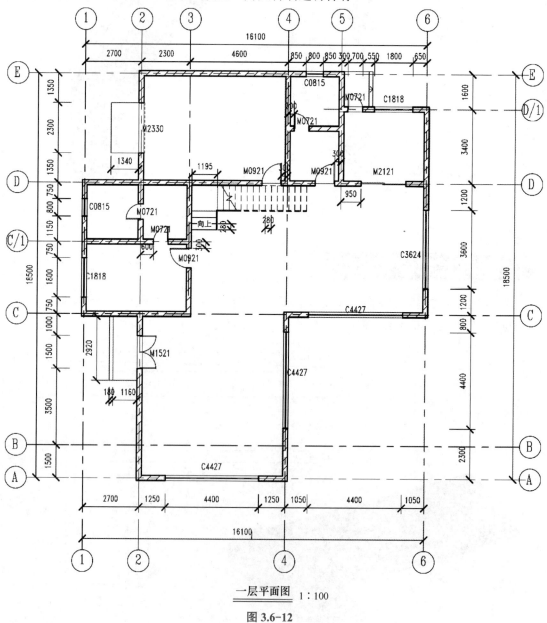

一层平面图　1:100

图 3.6-12

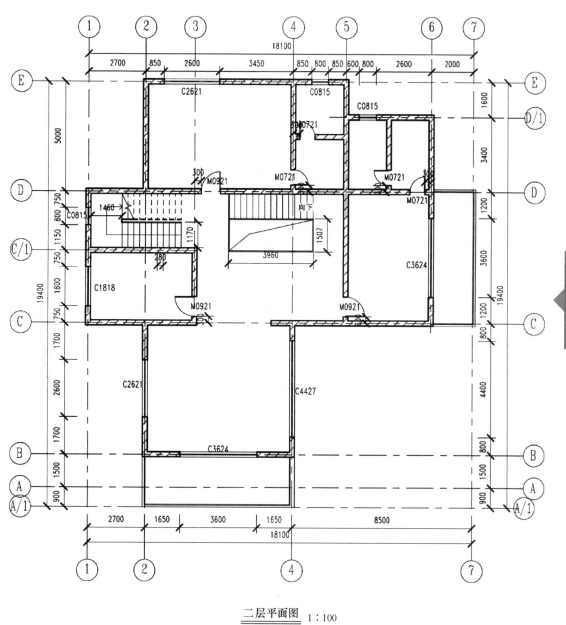

二层平面图 1:100

图 3.6-13

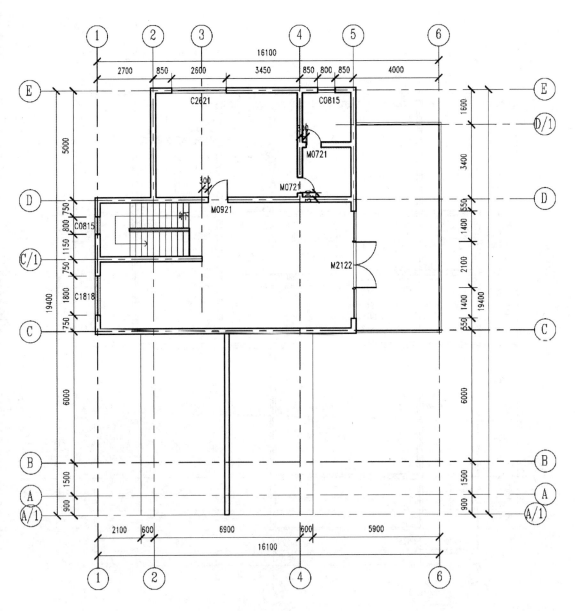

三层平面图 1 : 100

图 3.6-14

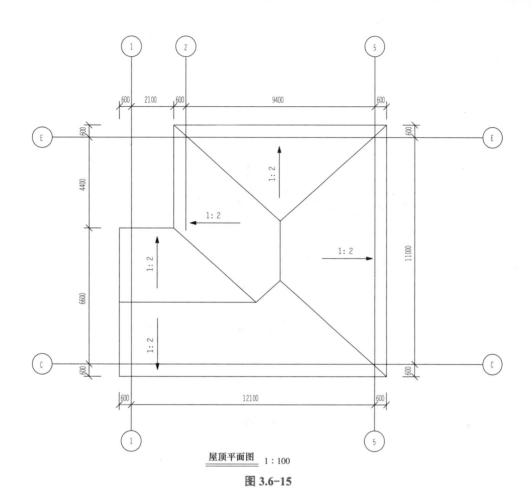

屋顶平面图 1：100

图 3.6-15

图 3.6-16

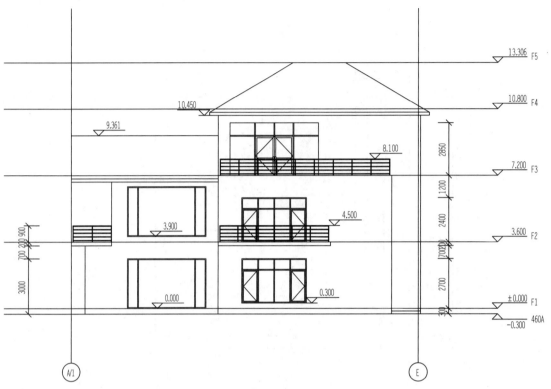

图 3.6-17

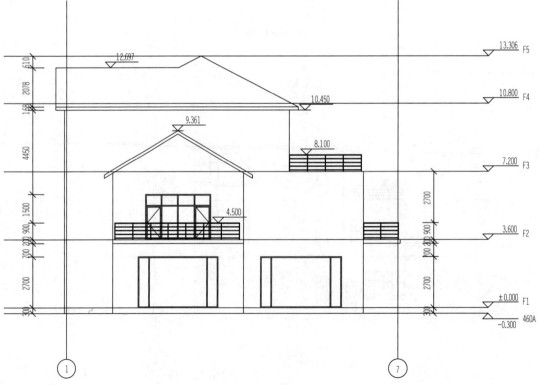

图 3.6-18

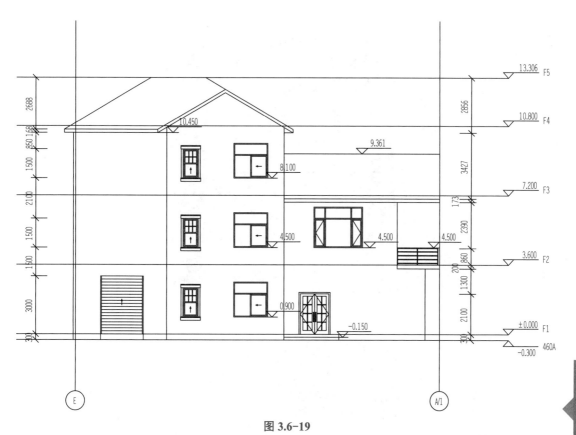

图 3.6-19

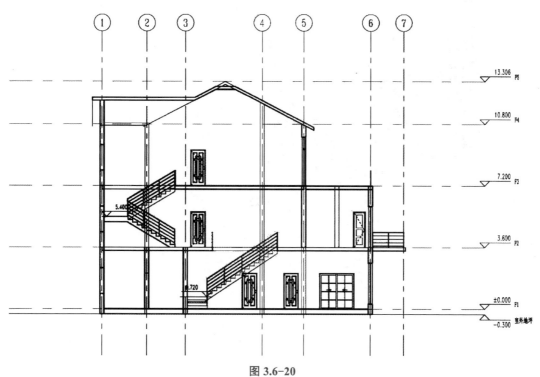

图 3.6-20

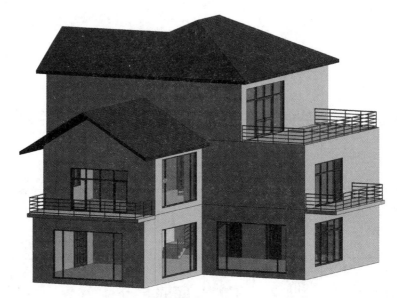

图 3.6-21

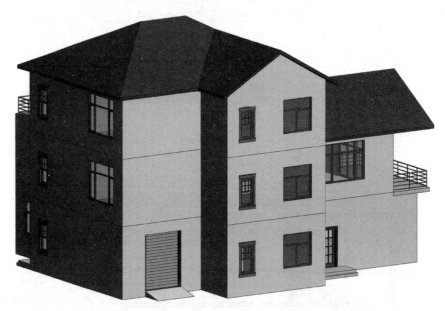

图 3.6-22

CHAPTER

04

第四章

Revit MEP

第一节 协同合作

　　在进行工程设计时，往往由于各专业设计师之间的沟通不到位，出现各种专业之间的碰撞问题，例如，暖通等专业中的管道在进行布置时，施工图纸是各专业分别进行绘制的，但在施工过程中，可能在布置管线时正好有结构设计的梁等构件在此处妨碍管线的布置，这就是施工中常遇到的碰撞问题。BIM 的协调性服务可以帮助处理此类问题，也就是说，BIM 建筑信息模型，可在建筑物建造前期对各专业的碰撞问题进行协调，生成协调数据。当然，BIM 的协调作用也并不是只能解决各专业间的碰撞问题，它还可以解决如电梯井布置与其他设计布置及净空要求的协调、防火分区与其他设计布置的协调、地下排水布置与其他设计布置的协调等问题。

一、链接文件

　　打开 Revit 软件，单击"项目"中的"新建"按钮，系统弹出"新建项目"对话框，单击"浏览"按钮，系统弹出"选择样板"对话框，选择项目样板文件，如图 4.1-1 所示。

(a)

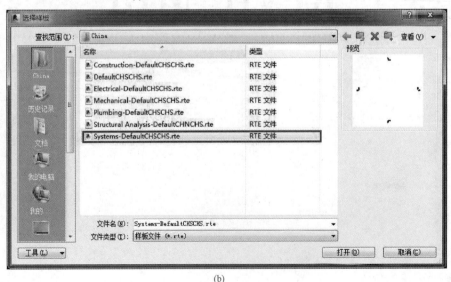

(b)

图 4.1-1

新建项目后，单击保存，将该文件保存为"小别墅–设备"，以供后续使用，将建筑结构合模后的模型文件链接到项目文件中，方法如下：

在"插入"选项卡的"链接"面板中单击"链接Revit"按钮，如图4.1-2所示。

图 4.1-2

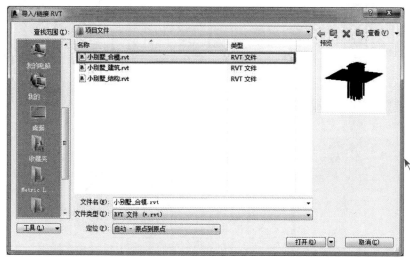

系统弹出"导入/链接RVT"对话框，选择"小别墅_合模"文件，单击右下角的"打开"按钮，模型即可链接到项目中，如图4.1-3所示。

图 4.1-3

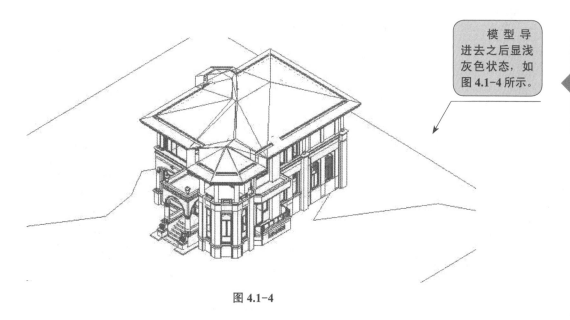

模型导进去之后显浅灰色状态，如图4.1-4所示。

图 4.1-4

二、项目的设置

1. 项目参数

项目参数是定义后添加到项目中的参数。项目参数仅应用于当前项目，不出现在标记中，可以应用于明细表中的字段选择。

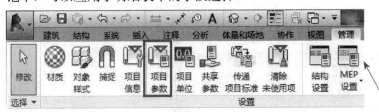

在"管理"选项卡的"设置"面板中单击"项目参数"按钮，系统会弹出"项目参数"对话框，如图 4.1-5 所示。

图 4.1-5

在"项目参数"对话框中，用户可以添加新的项目参数、修改项目样板中已提供的项目参数或删除不需要的项目参数，如图 4.1-6 所示。

图 4.1-6

单击"添加"或"修改"按钮，在弹出的"参数属性"对话框中可对相关参数进行编辑，如图 4.1-7 所示。

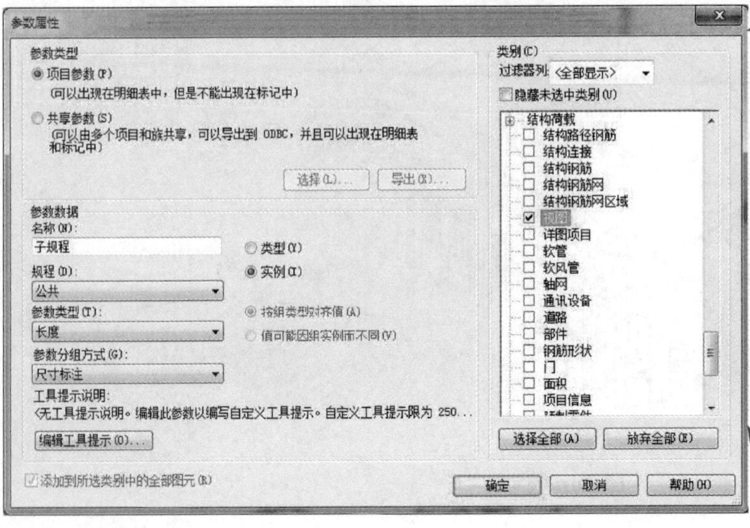

名称：输入添加的项目参数名称，软件不支持划线。

规程：定义项目参数的规程，共有"公共""HVAC""电气""管道""结构"5个规程可供选择。

参数类型：制定参数的类型，不同的参数类型具有特点不同的单位。

参数分组方式：定义参数的组别。

实例／类型：制定项目参数属于"实例"或"类型"。

图 4.1-7

2. 标记的设置

标记是用于在图纸上识别图元的注释，与标记相关联的属性会显示在明细表中。

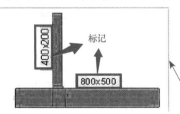

图 4.1-8

标记简而言之就是设计中常用的标注，例如风管标高标注、散流器标注，如图 4.1-8 所示。

图 4.1-9

在"注释"选项卡"标记"面板的下拉菜单中单击"载入的标记和符号"按钮，如图 4.1-9 所示。

系统弹出"载入的标记和符号"对话框，列出了不同的族类别和所有的关联标记。在"载入的标记和符号"对话框中可以查看已载入的标记。项目不同，已载入默认的标记也不同，可以通过"过滤器列表"进行筛选。用户也可以通过右侧的"载入族"按钮，载入当前项目所需的新的标记，如图 4.1-10 所示。

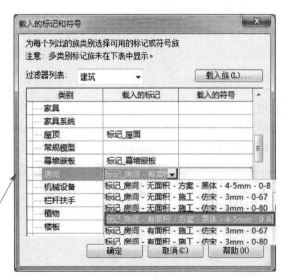

图 4.1-10

同一个图元类别可以有多个标记，用户可以选择其中一个作为图元的默认标记。例如，在"房间"类别中可以看到有几个标记类型，当选择"标记_房间-有面积-方案-黑体"为默认标记时，在视图中标记房间时，就显示房间的名称、房间的面积，如图 4.1-11 所示。

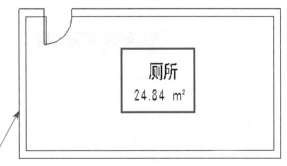

图 4.1-11

図 4.1-12

在"注释"选项卡的"标记"面板中包含了"按类别标记""全部标记""材质标记"等命令。如图 4.1-12 所示。

（1）按类别标记：按照不同的类别对图元进行标记，例如，标记风口，需要先载入风口的标记族，标记风口专有属性相关的信息。

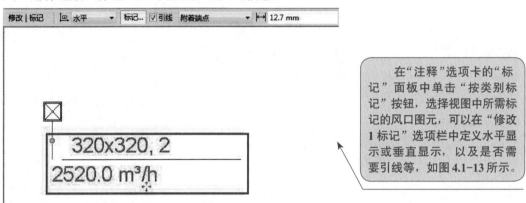

在"注释"选项卡的"标记"面板中单击"按类别标记"按钮，选择视图中所需标记的风口图元，可以在"修改1标记"选项栏中定义水平显示或垂直显示，以及是否需要引线等，如图 4.1-13 所示。

图 4.1-13

（2）全部标记：对视图中未被标记的图元统一标记。选择"全部标记"命令后，系统弹出"标记所有未标记的对象"对话框，可以选择是标记"当前视图中的所有对象"，还是标记"仅当前视图中所选的对象"，选定后再选择一个或者多个标记类别，通过一次操作可以标记不同类型的图元。

例如，选择"当前视图中的所有对象"选项，并选择"风管尺寸标记：标高和尺寸"选项，不勾选"引线"选项，单击"确定"按钮，当前视图中的"风管"就会被全部标记，如图 4.1-14 所示。

图 4.1-14

（3）材质标记：可以标识用于图元或图元层的材质类型。

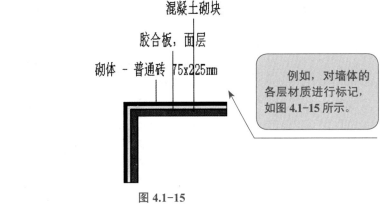

混凝土砌块

胶合板，面层

砌体 - 普通砖 75x225mm

例如，对墙体的各层材质进行标记，如图 4.1-15 所示。

图 4.1-15

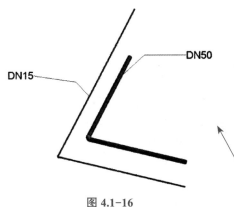

DN50

DN15

在 **Revit** 软件中，还可以在三维视图中对图元进行标记。切换到三维视图，在"视图控制栏"中单击"解锁的三维视图"按钮，选择"保存方向并锁定视图"选项，在打开的"重命名要锁定的默认三维视图"对话框中填入相应的三维视图名称，例如"三维管道标记"，即可在"三维管道标记"视图中对管道图元进行标记，如图 4.1-16 所示。

图 4.1-16

三、视图的创建与编辑

1. 复制标高

链接模型之后，需要切换到立面视图来复制标高。

在"项目浏览器"中选择"视图（专业）"选项并单击鼠标右键选择"浏览器组织"选项，系统弹出"浏览器组织"对话框，勾选"全部"选项后单击"确定"按钮，如图 4.1-17 所示。

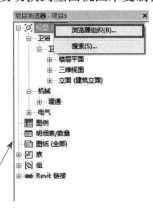

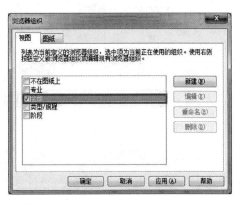

图 4.1-17

切换到任意一个立面视图，单击功能区"协作"选项卡"坐标"面板的"复制／监视"按钮，在其下拉列表中选择"选择链接"选项，选择链接进来的模型，激活"复制／监视"选项卡，如图 4.1-18 所示。

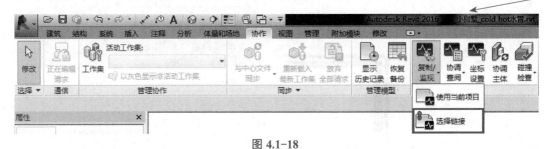

图 4.1-18

(a)

(b)

图 4.1-19

激活"复制／监视"选项卡之后单击"选项"按钮，系统弹出"复制／监视选项"对话框，在对话框中设置标高类型，单击"确定"按钮，如图 4.1-19 所示。

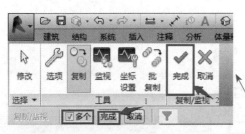

图 4.1-20

单击"复制"按钮，勾选"多个"选项，选择链接模型的标高，单击"完成"按钮即可复制标高（注：此处需要单击两次"完成"按钮），如图 4.1-20 所示。把样板自带的标高和平面删除。

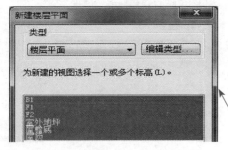

图 4.1-21

在功能区"视图"选项卡"创建"面板的"平面视图"下拉列表中选择"楼层平面"选项，系统弹出"新建楼层平面"对话框，选择所有的标高，单击"确定"按钮即可创建平面视图（创建平面视图后，修改视图名字，如"卫浴_B1"），如图 4.1-21 所示。

2. 复制轴网

复制轴网的方法与复制标高的方法一致。

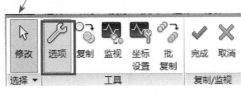

在"协作"选项卡的"坐标"面板中单击"复制/监视"按钮，在其下拉列表中选择"选择链接"选项，选择链接进来的模型，单击"选项"按钮设置轴网类型，设置完成后，开始复制轴网即可，如图4.1-22所示。

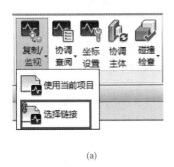

(a)   (b)

图 4.1-22

3. 修改视图样板

在"楼层平面"中选择楼层平面视图来修改视图样板，在"项目浏览器"面板的"楼层平面"下拉列表中选择楼层 B1 到屋顶的平面视图，在"属性"面板中修改视图样板，如图 4.1-23 所示。

图 4.1-23

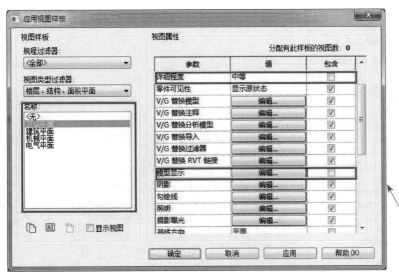

单击"视图样板"后的按钮，系统弹出"应用视图样板"对话框，根据绘制的系统选择对应的样板，取消勾选"视图属性"选项区域中的"详细程度"和"模型显示"选项，单击"确定"按钮，如图 4.1-24 所示。

图 4.1-24

图 4.1-25

不同的系统都需要创建属于该系统的楼层平面，在功能区"视图"选项卡的"创建"面板中单击"平面视图"按钮，在其下拉列表中选择"楼层平面"选项，系统弹出"新建楼层平面"对话框，取消勾选"不复制现有视图"选项，全选视图，单击"确定"按钮即可复制视图，如图 4.1-25 所示。

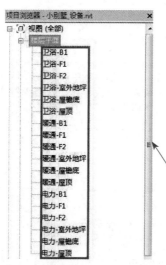

图 4.1-26

复制完成后，应该根据对应的系统对视图进行命名，如图 4.1-26 所示。

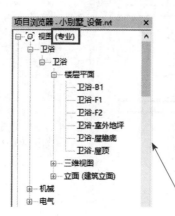

图 4.1-27

把视图按照系统分类，详细方法同前述"1. 复制标高"的步骤，打开"浏览器组织"对话框，勾选"专业"选项，单击"确定"按钮，视图将会按照不同的系统进行分类（注：将按照之前设置的视图样板中的规程进行分类），如图 4.1-27 所示。

复制视图除了上述方法外，还有一种方法是在"项目浏览器"中选择需要复制的视图，单击鼠标右键，在弹出的快捷菜单中选择"复制视图"命令，如图 4.1-28 所示，有 3 种复制模式可以选择，分别是"复制""带细节复制"和"复制作为相关"。

图 4.1-28

> 复制：只能复制项目中的三维模型文件，而二维标注等注释信息无法进行复制，如图 4.1-29（a）所示。
> 带细节复制：可以将项目中的三维模型文件以及二维注释信息同时复制到子视图中，复制完成后"项目浏览器"中的名称同"复制"相同，如图 4.1-29（b）所示。
> 复制作为相关：复制的视图将显示在被复制视图下方，相关视图成组，且可以像其他视图类型一样进行过滤，如图 4.1-29（c）所示

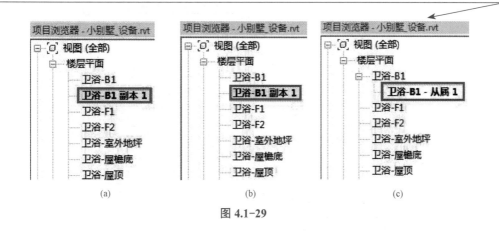

图 4.1-29

第二节　MEP 系统

一、主要系统

"系统分类"是用于区别不同功能系统的分类，且"系统分类"为 Revit 软件中

预定义的，不支持用户自定义修改或添加，如风管系统包含"送风""回风""排风"，如图4.2-1所示。

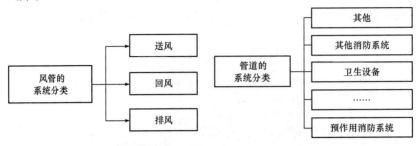

图4.2-1

"系统类型"是用于区别不同功能系统的分类，类似于"系统分类"的再分类。"系统类型"支持用户新增，如排风的系统类型中可以有"加压送风管""消防补风管""消防排烟营""排油烟风管"等，如图4.2-2所示。

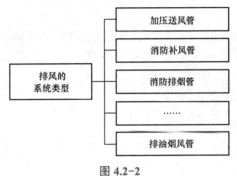

图4.2-2

在"项目浏览器"中双击"族"，展开列表即可找到"风管系统"与"管道系统"，单击展开列表即可看到风管或管道的系统类型，如图4.2-3所示。

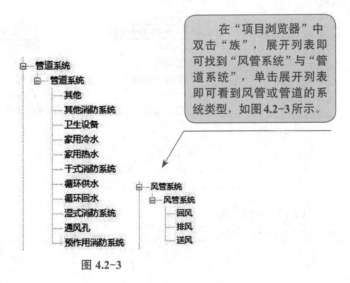

图4.2-3

新增或编辑的方法是在"项目浏览器"中的"管道系统""风管系统"中选中一个系统分类，单击鼠标右键，在弹出的快捷菜单中选择"复制"命令并重新命名，这样就创建了一个新的"系统类型"。

选择对应的系统类型，单击鼠标右键，在弹出的快捷菜单中选择"复制"命令，将复制相应的系统类型，更改复制出来系统的名称，如图 4.2-4 所示。

一定要选好系统分类再进行复制，否则创建完成后将无法更改其系统分类，如图 4.2-5 所示。

图 4.2-4

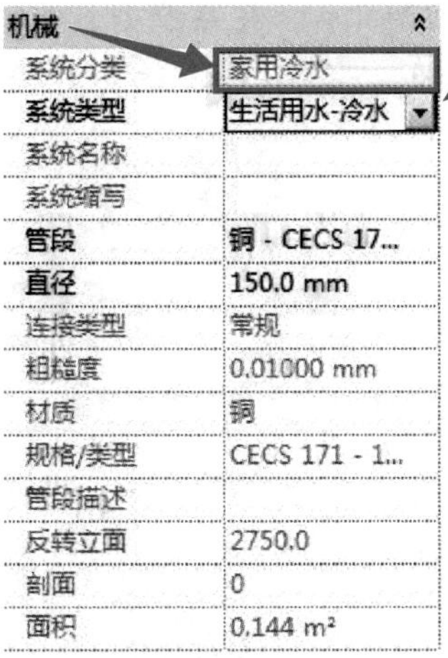

图 4.2-5

(a)　　　　　　　(b)

图 4.2-6

在绘制管道或者风管时，在"属性"面板的"系统类型"下拉列表中可以选择与项目要求对应的系统类型，如图 4.2-6 所示。

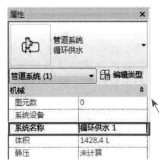

图 4.2-7

"系统名称"是标识系统的字符串，可以由软件自动生成，也可以用户自定义。如果一个项目中有很多个给水系统，那么系统名称就可以将多个给水系统按名字区别开来，也方便进行归类及检查。修改系统名称的方法是先选择管道系统，按 Tab 键切换到有虚线框即选中该系统，选中该系统后在"属性"面板中进行修改，如图 4.2-7 所示。

133

二、系统浏览器

　　系统浏览器的作用主要是按照分区和系统显示项目中各个系统的组成和相互关系，列出每个规程的所有构件的层次列表。系统默认有机械、管道和电气 3 个系统规程，在绘制完任意系统构件后，在系统浏览器中会出现对应的系统名称。单击该系统名称，在视图中被选中的系统将会亮显。

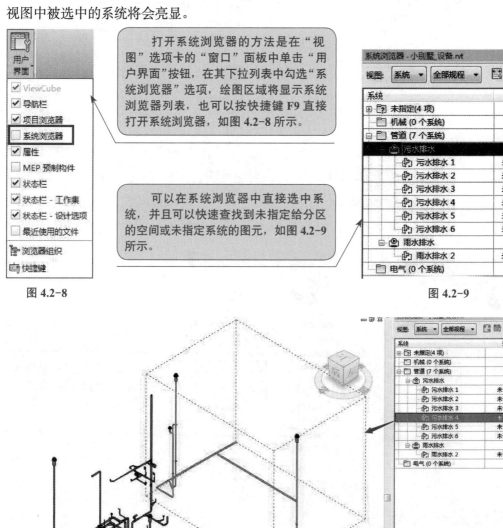

　　打开系统浏览器的方法是在"视图"选项卡的"窗口"面板中单击"用户界面"按钮，在其下拉列表中勾选"系统浏览器"选项，绘图区域将显示系统浏览器列表，也可以按快捷键 F9 直接打开系统浏览器，如图 4.2-8 所示。

图 4.2-8

　　可以在系统浏览器中直接选中系统，并且可以快速查找到未指定给分区的空间或未指定系统的图元，如图 4.2-9 所示。

图 4.2-9

　　单击选中任意系统，在视图区域就会显示该系统所包含的构件图元（矩形框内的管道即一个系统），这样能够快速选择需要的系统，如图 4.2-10 所示。

图 4.2-10

图 4.2-11

在系统浏览器标题栏中，可以对系统浏览器进行视图和列设置，如图 4.2-11 所示。

视图：单击标题栏中的"系统"下拉按钮，定义浏览器的显示类别。默认设置为"系统"，即显示项目中水、暖、电的逻辑系统；如果选择"分区"选项，将显示项目定义的分区列表。当选择"系统"选项时，单击标题栏中的"全部规程"下拉按钮可以定义显示的规程，默认设置显示"全部规程"，即显示水、暖、电 3 个专业的系统。

自动调整所有列：根据显示内容自动调整所有列宽。

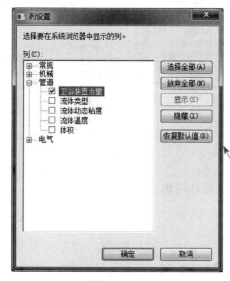

图 4.2-12

列设置：单击"列设置"按钮，系统弹出"列设置"对话框，可以添加不同规程下显示的信息条目，如图 4.2-12 所示。

三、系统连接件

连接件是用于机械设备连接风管、管道、电气线管的，为连接件指定的规程决定了与之连接的系统的类型，以及与其他系统构建连接的方式，如图 4.2-13 所示。

图 4.2-13

将连接件添加到族时，可以指定下列规程之一：

（1）风管连接件与管网、风管管件以及作为空调系统一部分的其他图元相关联。

（2）电气连接件用于所有类型的电气连接，包括电力、电话、报警系统及其他。

（3）管道连接件用于管道、管件及用来传输流体的其他构件。

（4）电缆桥架连接件用于电缆桥架、电缆桥架配件以及用来配线的其他构件。

（5）线管连接件用于线管、线管配件以及用来配线的其他构件。

在定制机械设备族时，所放置的风管和管道连接件均需要选择一个系统。如果系统选错，在使用时就会出现所连接的管道与设备系统冲突的情况，因此，在放置连接件时一定要将系统选对。

在机械设备编辑状态下选中管道或风管连接件，在"属性"面板的"系统分类"下拉列表中选择与需要连接的管道或风管一样的系统分类，如图4.2-14所示。"系统分类"设为"全局"支持该机械设备族与任意的管道（风管）系统连接，"全局"参数具有非常广泛的适用性。

(a)

(b)

图 4.2-14

MEP 连接的方式有两种，分别是物理连接和逻辑连接。

物理连接：指各个构件之间的直接连接，即直接用管道连接各个构件，如图4.2-15所示。

图 4.2-15

逻辑连接：指 Revit 软件所规定的设备与设备之间的从属关系（系统上的一种关系，没有物理上的连接，可通过创建管道系统来实现）。选择两个或多个设备（设备必须属于同一个系统），在"创建系统"面板中单击"管道"按钮，如图4.2-16（a）所示，系统会弹出"创建管道系统"对话框，选择系统类型，单击"确定"按钮，如图4.2-16（b）所示。

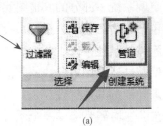

(a)

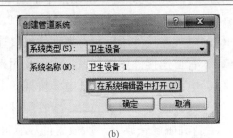

(b)

图 4.2-16

图 4.2-17

选中系统之后，系统会自动转到"修改|管道系统"选项卡，在"布局"面板中单击"生成布局"按钮，转到"生成布局"面板，可以在"生成布局"状态栏中更改解决方案类型，以及设置管道的类型，如图4.2-17所示。

解决方案类型：为管道布局提供管网、周长和交点3种方案类型。每种方案类型还提供不同的路径，可以通过单击旁边的 ◁ ▷ 按钮选择方案。如果用户修改了系统提供的布局，在解决方案类型中会添加一种"自定义"类型，以示区分。

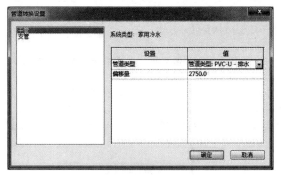

图 4.2-18

设置：单击"设置"按钮，系统弹出"管道转换设置"对话框，指定管道系统干管和支管的管道类型和偏移量，如图4.2-18所示。该命令与"机械设置"中的管道设置功能相同，如果这里的数据被修改，"机械设置"中相应系统分类的管道设置将自动更新。

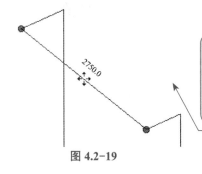

图 4.2-19

可以手动修改管道布局，单击"编辑布局"按钮，选择要修改的管道，单击十字光标移动管道，如图4.2-19所示。

放置基准：对于给水系统，即给水进口。放置基准后，布局和解决方案即随之更新。

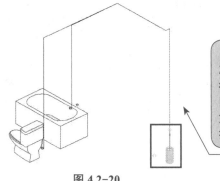

图 4.2-20

当基准放置在绘图区域后，单击"修改基准"按钮，在选项栏中可修改干管的偏移量和直径，在绘图区域单击基准旁边的符号，可使基准围绕连接方向的轴或垂直于连接方向的轴旋转，如图4.2-20所示。单击选项卡中的"删除基准"按钮，基准即可被删除。

四、编辑系统

图 4.2-21

选中系统，单击图 4.2-21 中的"编辑系统"按钮，进入"编辑管道系统"选项卡，如图 4.2-22 所示。如果在图 4.2-16（b）所示的"创建管道系统"对话框中勾选"在系统编辑器中打开"选项，则将直接切换至"编辑管道系统"选项卡。

在"编辑管道系统"选项卡中可进行如下操作：

添加到系统：将其他器具或设备添加到当前系统中。如果系统中包含多个器具，可以通过单击"添加到系统"按钮选择其他器具添加到该系统中。

从系统中删除：从当前系统中删除设备图元。单击"从系统中删除"按钮，然后选择需要删除的设备，从系统中删除。

选择设备：为系统添加设备，系统只能指定一个设备。与"管道系统"选项卡中的"选择设备"选项的功能相同。

系统设备：显示系统指定的设备，可以通过下拉列表选择其他设备作为系统的指定设备。

完成编辑系统：完成系统编辑后，单击该按钮可退出"编辑管道系统"选项卡。

取消编辑系统：单击该按钮可取消当前编辑操作并退出"编辑管道系统"选项卡。

图 4.2-22

第三节　电气系统

在建筑工程设计中，电气设计需要跟随建筑规模、功能定位及使用要求确定电气系统。电气系统主要涵盖配电系统、防雷、接地、照明和弱电系统，而电缆桥架和线管的敷设是电气布线的重要部分，本节结合案例着重介绍电缆桥架及线管的布置。

图 4.3-1

在功能区"管理"选项卡"设置"面板的"MEP 设置"下拉列表中选择"电气设置"选项，系统将弹出"电气设置"对话框，如图 4.3-1 所示。

一、电气设置

（1）常规。根据项目要求，在"电气设置"对话框中设置线路的常规参数。

（2）电缆桥架及线管设置。

升降：用来控制电缆桥架标高变化时的显示。

单击"升降"选项，右侧的列表框中显示"电缆桥架升/降注释尺寸"参数的值，如图4.3-2所示。该参数用于指定在单线视图中绘制升/降注释的出图尺寸，该尺寸与图纸比例无关。

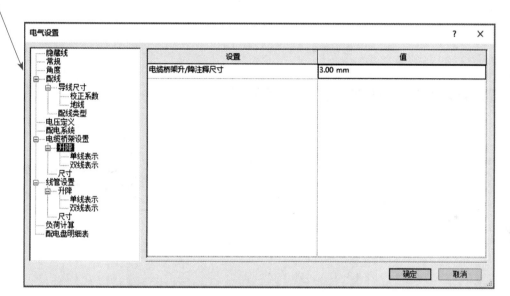

图 4.3-2

尺寸：单击"尺寸"选项，在右侧的列表框中可以新建、删除、修改当前项目文件中的电缆桥架尺寸。

图 4.3-3

在线管尺寸中，可以设置线管规格的内外径尺寸，以及该规格线管在拐弯时的最小半径，如图4.3-3所示。

图 4.3-4

在电缆桥架中只有"尺寸"一列,可用于设置桥架截面的宽度或高度,如图 4.3-4 所示。

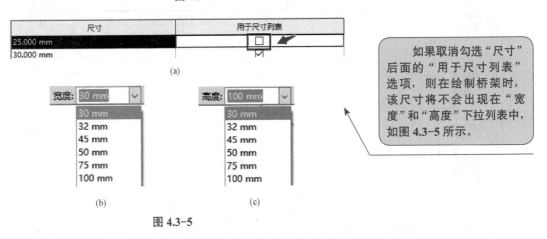

(a)

(b)　　　　　(c)

图 4.3-5

如果取消勾选"尺寸"后面的"用于尺寸列表"选项,则在绘制桥架时,该尺寸将不会出现在"宽度"和"高度"下拉列表中,如图 4.3-5 所示。

二、电缆桥架及其配件

1. 电缆桥架类型

Revit MEP 提供两种不同的电缆桥架形式,即"带配件的电缆桥架"和"无配件的电缆桥架"。"无配件的电缆桥架"适用于设计中不明显区分配件的情况。"带配件的电缆桥架"和"无配件的电缆桥架"是作为两种不同的系统族来实现的,并在这两个系统族下面添加不同的类型。Revit 软件提供的"Electrical-Default-CHSCHS. rte"和"Systems-Default-CHSCHS.rte"项目样板文件中分别给"带配件的电缆桥架"和"无配件的电缆桥架"配置了默认类型,其配备的桥架类型族如图 4.3-6 所示。两种桥架在项目中的区别如图 4.3-7 所示。

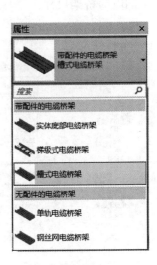

图 4.3-6

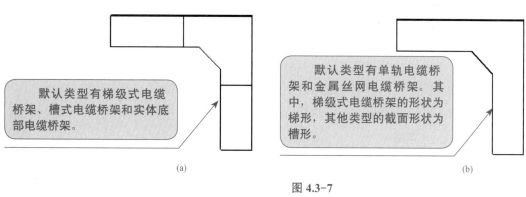

默认类型有梯级式电缆桥架、槽式电缆桥架和实体底部电缆桥架。

默认类型有单轨电缆桥架和金属丝网电缆桥架。其中，梯级式电缆桥架的形状为梯形，其他类型的截面形状为槽形。

(a)   (b)

图 4.3-7

（a）带配件的电缆桥架；（b）无配件的电缆桥架

2. 电缆桥架配件族

电缆桥架配件族一般不单独绘制，通常在绘制电缆桥架时，会在相应的转角处自动生成所需的配件。配件的角度等设置均根据施工过程的真实情况生成，当不符合工程数据时，该电缆桥架配件族将不会生成，即表示所绘制电缆桥架出现问题，应加以调整。

在电缆桥架的"类型属性"对话框中，"管件"列表下需要定义管件配置参数。通过这些参数指定电缆桥架配件族，可以配置在管路绘制过程中自动生成的管件（或称配件）。系统自带的"Systems-Default-CHSCHS.rte 和 Electrical-Default-CHSCHS.rte"项目样板文件中预先配置了电缆桥架类型，并分别指定了各种类型下"管件"默认使用的电缆桥架配件族，这样在绘制电缆桥架时，所指定的电缆桥架配件就可以自动放置到绘图区与电缆桥架连接，如图 4.3-8 所示。

图 4.3-8

三、绘制电缆桥架

1. 绘制前的设置

电缆桥架在平面视图、立面视图、剖面视图以及三维视图中均可绘制。

（1）电缆桥架绘制步骤如下：

在"系统"选项卡的"电气"面板中单击"电缆桥架"按钮（快捷键 CT）；

在"属性"面板中选择需要的电缆桥架类型；

在"修改 | 放置 电缆桥架"选项栏中选择电缆桥架的"宽度"和"高度"；

在"修改 | 放置 电缆桥架"选项栏中设置电缆桥架的"偏移量"，如图 4.3-9 所示。

图 4.3-9

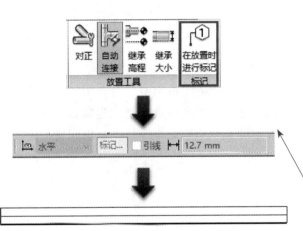

图 4.3-10

未放置标记时：在绘制电缆桥架时，默认情况下，"在放置时进行标记"选项是暗选的，即"修改 | 放置 电缆桥架"选项栏最右侧标记编辑部分是不可编辑的，绘制出来的电缆桥架不带标记，如图 4.3-10 所示。

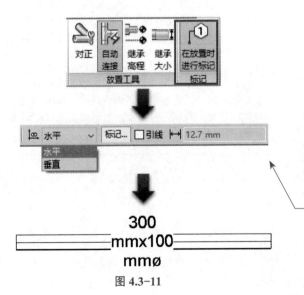

图 4.3-11

放置标记时：当单击"在放置时进行标记"按钮后，"修改 | 放置 电缆桥架"选项栏最右侧标记编辑部分将变为可编辑状态，标记的方向和引线也可编辑，如图 4.3-11 所示。

（2）对正：指定电缆桥架的对齐方式。在"修改 | 放置　电缆桥架"选项卡的"放置工具"面板中单击"对正"按钮，系统会弹出"对正设置"对话框，如图 4.3-12 所示。

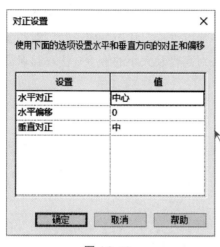

图 4.3-12

水平对正：指定当前视图下相邻段之间水平对齐的方式。

水平偏移：指定绘制起点位置与实际绘制位置之间的偏移距离。此选项在管线综合应用中极为重要，其可方便指定电缆桥架距墙的距离以及距其他风管、电缆桥架等的距离，便于绘制。

垂直对正：指定当前视图下相邻段之间垂直对齐的方式。

电缆桥架绘制完成后，也可用"对正"命令对其"对齐方式"进行修改。

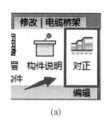

(a)

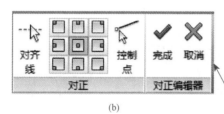

(b)

图 4.3-13

在绘图区中选中需要修改的电缆桥架，在"修改 | 电缆桥架"选项卡中选择"对正"命令，选择需要的对齐方式和对齐方向，单击"完成"按钮，如图 4.3-13 所示。

（3）自动连接：此选项选择与否将决定绘制电缆桥架时是否自动连接到相交电缆桥架上，并生成电缆桥架配件。

（"自动连接"功能使绘图方便智能。但要注意的是，当绘制不同高程的两路电缆桥架时，可暂时关闭"自动连接"功能，以避免误连。）

当选择"自动连接"功能时，将在两段电缆桥架相交位置自动生成四通，如图 4.3-14（a）所示。

若不选择"自动连接"功能，则不生成电缆桥架配件，如图 4.3-14（b）所示。

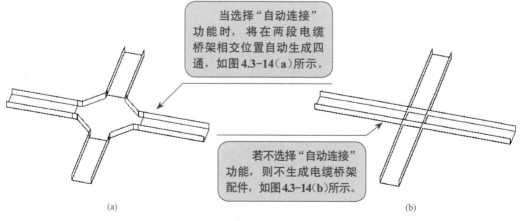

(a)

(b)

图 4.3-14

（a）自动连接；（b）不自动连接

（4）继承高程、继承大小：这两个功能决定在已存在的电缆桥架上是否继续绘制相同的电缆桥架，可以捕捉之前电缆桥架的高程和大小加以继承，从而方便绘制。在绘制时，在单击电缆桥架的起点后，按空格键，即可实现对高程及大小的继承（注：起点需在已存在的电缆桥架上才有效）。

2. 电缆桥架的显示

在视图中，电缆桥架模型根据不同的"详细程度"所显示的效果将有所不同，单击"视图控制栏"中的"详细程度"按钮，切换"粗略""中等""精细"3 种粗细程度，详见表 4-1。

表 4-1　电缆桥架显示的粗细程度

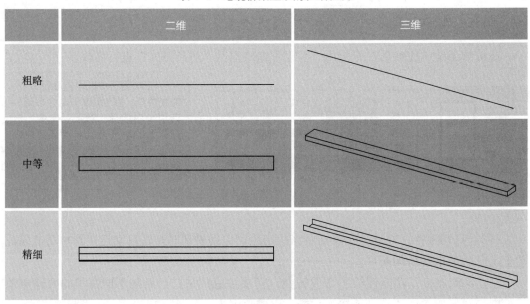

	二维	三维
粗略		
中等		
精细		

3. 在视图中绘制

将鼠标移至绘图区域，单击即可指定电缆桥架的起点，移动鼠标至任意终点位置，再次单击即完成第一段电缆桥架的绘制。此时，按 Esc 键或者单击鼠标右键在弹出的快捷菜单中选择"取消"命令，均可退出电缆桥架绘制的操作。如果不退出，将默认上一段电缆桥架的终点位置为该电缆桥架的起点，可以继续移动鼠标至另一终点，单击完成第二段的绘制。此时，在第一段与第二段电缆桥架之间会自动生成相应的电缆桥架连接件。

四、绘制线管

（1）线管类型。线管同电缆桥架一样，在平面视图、立面视图、剖面视图以及三维视图中均可绘制。

（2）平行线管。在"系统"选项卡的"电气"面板中有"平行线管"选项。

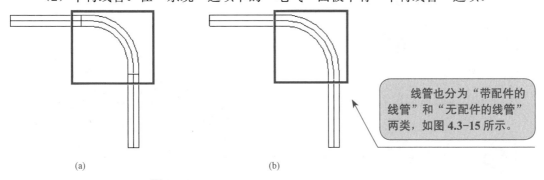

(a)　　　　　　　　　　　　　(b)

图 4.3-15

（a）带配件的线管；（b）无配件的线管

> 线管也分为"带配件的线管"和"无配件的线管"两类，如图 4.3-15 所示。

> 平行线管的绘制方法是：单击已有的线管，直接生成与其水平或者垂直方向平行的线管，并不是直接绘制若干平行线管。通过指定"水平 / 垂直数"和"水平 / 垂直偏移"值来控制平行线管的绘制。绘制时可通过按 Tab 键来切换选择某一根线管还是一整段线管进行平行线管的绘制，如图 4.3-16 所示。

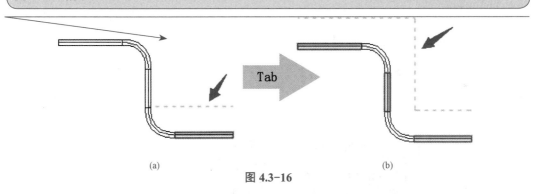

(a)　　　　　　　　　　　　　(b)

图 4.3-16

（3）表面连接。"表面连接"是针对线管创建的一个全新功能。通过在族的模型表面添加"表面连接件"，在项目中实现从该表面的任意位置绘制一根或多根线管。以配电箱为例，讲解如下：

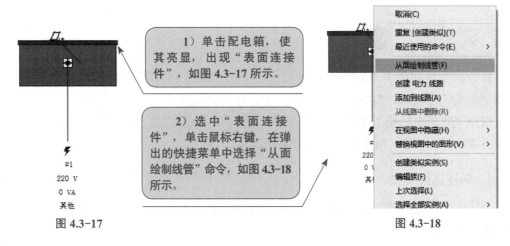

> 1）单击配电箱，使其亮显，出现"表面连接件"，如图 4.3-17 所示。

> 2）选中"表面连接件"，单击鼠标右键，在弹出的快捷菜单中选择"从面绘制线管"命令，如图 4.3-18 所示。

#1
220 V
0 VA
其他

图 4.3-17

图 4.3-18

145

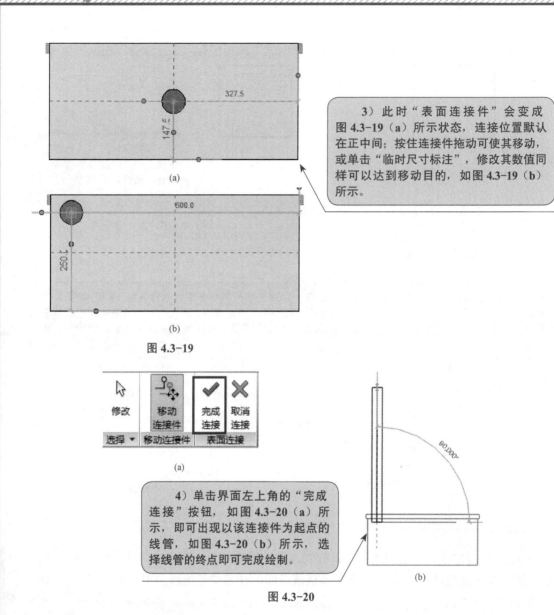

（a）

（b）

图 4.3-19

3）此时"表面连接件"会变成图 4.3-19（a）所示状态，连接位置默认在正中间；按住连接件拖动可使其移动，或单击"临时尺寸标注"，修改其数值同样可以达到移动目的，如图 4.3-19（b）所示。

（a）

4）单击界面左上角的"完成连接"按钮，如图 4.3-20（a）所示，即可出现以该连接件为起点的线管，如图 4.3-20（b）所示，选择线管的终点即可完成绘制。

（b）

图 4.3-20

五、案例讲解

打开前文所述的"小别墅 - 设备"文件，到"项目浏览器"中找到"电气"规程下的"电力"子规程，打开其楼层平面视图，导入对应楼层的 CAD 图纸。

按照"建筑电气施工图设计统一说明"的要求，设置"电气设置"。因本案例中无电缆桥架，只有线管，故电缆桥架部分不用设置。

1. 新建线管尺寸

设计说明要求：照明及动力管敷线采用镀锌钢管或镀锌线槽暗敷，其余线管用 PVC管。先补全镀锌钢管的尺寸：

在功能区中"管理"选项卡"设置"面板的"**MEP 设置**"下拉列表中选择"电气设置"选项，系统弹出"电气设置"对话框。在对话框中找到"线管设置"下的"尺寸"选项，选择"**EMT**"标准，单击"新建尺寸"按钮，系统弹出"添加线管尺寸"对话框，根据图 4.3-21（a）所给的尺寸新建尺寸，如图 4.3-21（b）所示。

镀锌管尺寸参数表

管径（DN）	内径/mm	外径/mm	壁厚/mm	最小弯曲半径/mm	流量（m³/h）	理论重量（kg/m）
10	15.8	21.3	5.5	112.270	0.4	1.35
20	20	25	5	155.00	0.9	1.63
25	25	27	2	167.000	1.1	2.42
32	32	34	2	209.000	1.7	3.13
35	35.05	42.16	7.11	262.000	2.1	3.61
50	40	52.5	12.5	325.000	4.2	4.88
65	65	79	14	365.000	7.2	6.64

（a）

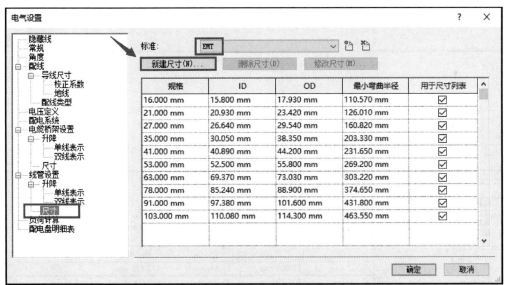

（b）

图 4.3-21

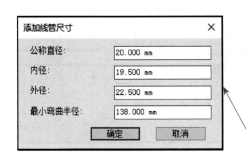

图 4.3-22

出现"添加线管尺寸"对话框后，按照图纸"配电箱结线图"中出现的管径，查看系统中漏了哪些尺寸，将其补全即可，如图 4.3-22 所示。

注意：设计说明要求电线管的弯曲半径不应小于其外径的 6 倍，最终如图 4.3-23 所示。

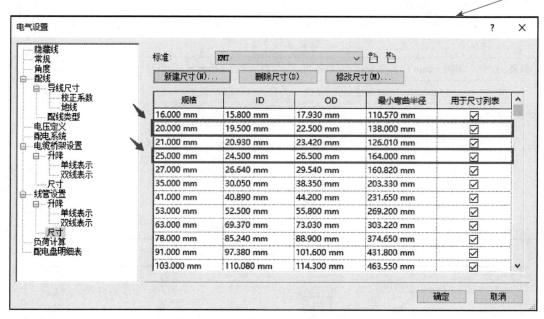

图 4.3-23

设置 PE 管的尺寸，如图 4.3-24 所示。

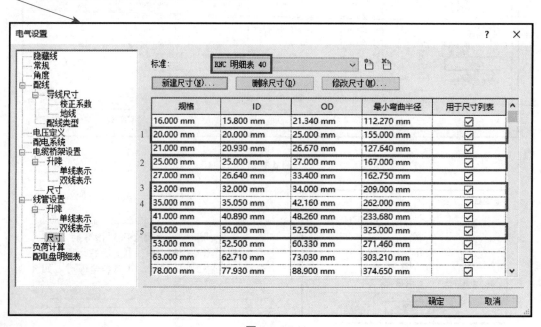

图 4.3-24

2. 新建线管类型

在"系统"选项卡的"电气"面板中选择"线管"选项，在"属性"面板中选择"带配件的线管"选项，单击"属性"面板中的"编辑类型"按钮，系统弹出"类型属性"对话框，单击"复制"按钮，命名为"镀锌钢管"，将标准设置为"EMT"，如图 4.3-25（a）所示。

重复上述操作，创建 PVC 线管，将"标准"设置为"RNC 明细表 40"，如图 4.3-25（b）所示。

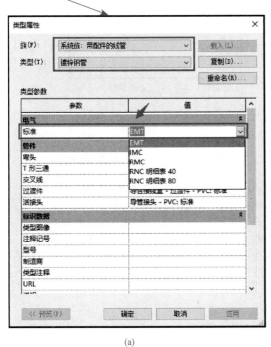

(a)

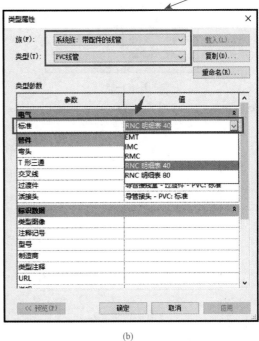

(b)

图 4.3-25

3. 放置配电箱

在"属性"面板中选择"AL0"配电箱，如图 4.3-27 所示。

打开平面视图"电力 -B1"，在"系统"选项卡的"电气"面板中单击"电气设备"按钮，如图 4.3-26 所示。

图 4.3-26

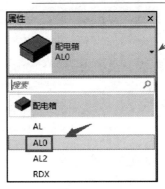

图 4.3-27

在"修改 | 放置 设备"选项卡的"放置"面板中选择"放置在垂直面上"选项,如图 4.3-28 所示。

在平面图中找到"AL0"配电箱的位置,将鼠标移至轴线位置,单击鼠标即可(若配电箱的默认方向不符合要求,按空格键即可翻转),如图 4.3-29 所示。

图 4.3-28

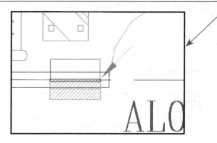

图 4.3-29

(a)

单击放置好的配电箱,选择"移动"命令(快捷方式"MV")。在左上角的"修改 | 电气设备"选项栏中,取消勾选"约束"选项,勾选"分开"选项,如图 4.3-30(a)所示。选择一个基点,将配电箱移动到正确位置,如图 4.3-30(b)所示。其余楼层配电箱的放置方法同上。

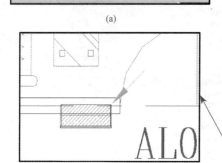

(b)

图 4.3-30

4. 绘制线管

本案例中,线管走向的表达只有首层平面图上有,其余楼层的线管走向参考"配电箱结线图"。图纸中英文字母的含义说明见表 4-2。

表 4-2　图纸中英文字母的含义说明

序号	符号	名称	序号	符号	名称
1	WC	暗敷设在墙内	7	SR	敷设在金属线槽内
2	WE	沿墙面敷设	8	CT	用电缆桥架敷设
3	FC	暗敷设在地板内	9	SC	穿焊接钢管敷设
4	CC	暗敷设在顶板内	10	TC	穿电线管敷设
5	ACC	敷设在吊顶内	11	PC	穿阴燃 PVC 管敷设
6	PR	敷设在塑料线槽内			

5. 在平面视图中绘制

先绘制从配电箱"AL0"到配电箱"AL"间的线管"PC32/WC,FC",该线管的含义为：采用直径为 32 的 PVC 管，其暗敷在墙内和地板内。

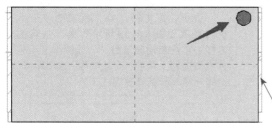

图 4.3-31

在楼层平面"电力-B1"中，选中配电箱"AL0"，用鼠标右键单击该连接件绘制线管，将线管的连接位置移动到边上。单击左上角的"完成连接"按钮，如图 4.3-31 所示（因线管较多，连接前需先排布好连接位置，后期线管才不会杂乱）。

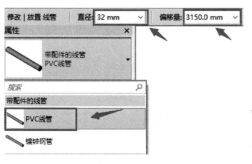

图 4.3-32

在"属性"面板中选择"PVC 线管"选项，在"修改 | 放置 线管"选项栏中将线管"直径"改为"32 mm"。该线管要求从"F1"地板暗敷，即"B1"层的顶板，故"偏移量"为 3 150 mm，如图 4.3-32 所示。因在该平面图中看不到"F1"平面图中配电箱"AL"的具体位置，故设置完成后将光标移到任意位置单击，到"F1"平面图调整即可。

到"F1"平面图中，拉动线管的拖拽点，将其拖拽到正确的位置（线管的位置不一定与 CAD 底图完全重合，参照 CAD 图纸结合实际情况布置即可），如图 4.3-33 所示。

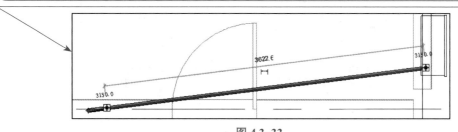

图 4.3-33

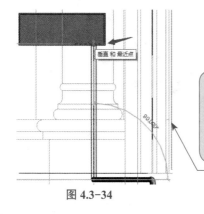

图 4.3-34

到西立面图中，用鼠标右键单击要连接线管的拖拽点，选择"绘制线管"命令，将光标移动至配电箱"AL"的下表面，直至配电箱"AL"下表面亮显后，单击鼠标即可，如图 4.3-34 所示。

6. 在立面视图中绘制

绘制 Ⓕ~Ⓖ 轴处"预埋 6×PC25 电缆进线管"，首层平面图如图 4.3-36 所示。

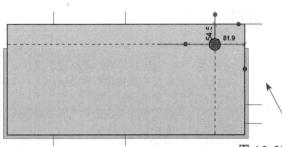

此时，配电箱"AL"的表面连接件会自动跳出图4.3-35所示界面。线管的连接位置会自动调节好，与线管垂直，故直接勾选左上角的"完成连接"选项即可，这样一根线管就绘制完成了。

图 4.3-35

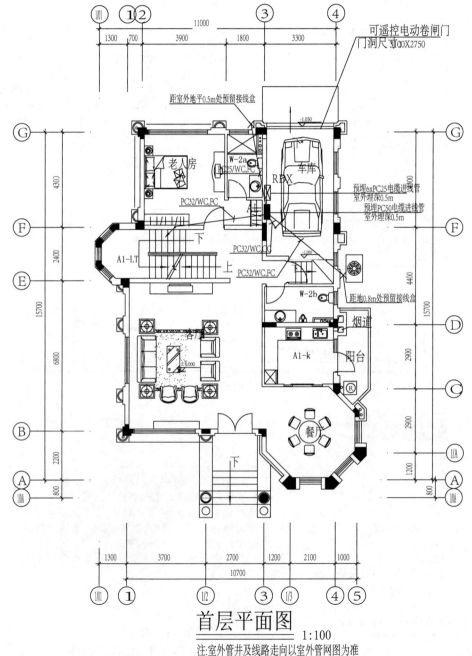

首层平面图

1:100

注:室外管井及线路走向以室外管网图为准

图 4.3-36

打开北立面图，单击弱电箱"RDX"，按照与前文同样的方法，在弱电箱"RDX"下部绘制线管（注意排布好线管位置）。若鼠标右键选择"从立面绘制线管"命令后无反应，则在"系统"选项卡中选择"绘制线管"命令后，单击弱电箱下表面也可以达到同样效果。

> 画出立管，在立面图中立管是可以直接拉成的。此时将立管拉到大概位置后，单击立管，首、尾处会有两个"编辑偏移"点。单击终点处的"编辑偏移"点，将其数值改为"−50.0 mm"，如图4.3-38所示。

> 开始绘制前需先设置好参数，此时跟平面图绘制不一样，在"修改 | 放置 线管"选项栏中多了"标高"参数。因为该位置是车库，故将其调为"室外地坪"，设置"直径"为"25 mm"，如图4.3-37所示。

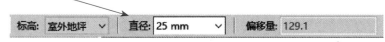

图 4.3-37

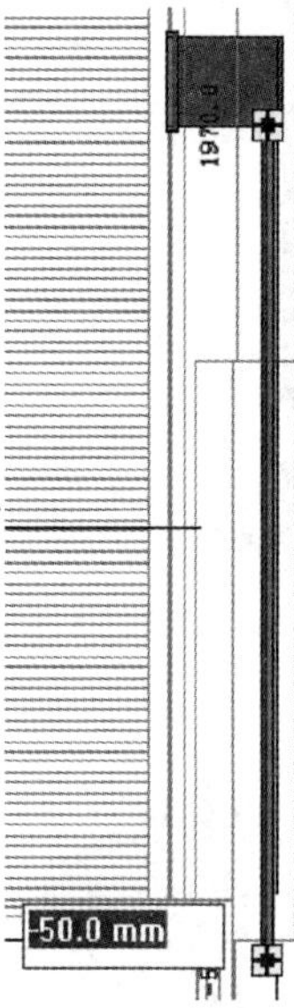

图 4.3-38

> 用鼠标右键单击线管拖拽点绘制水平管，将其拉到④号轴线，继续往下绘制立管，立管绘制方法同上，如图4.3-39所示。

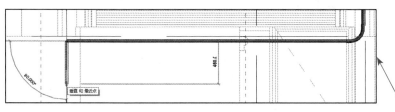

图 4.3-39

> 绘制完成的线管如图4.3-40所示。

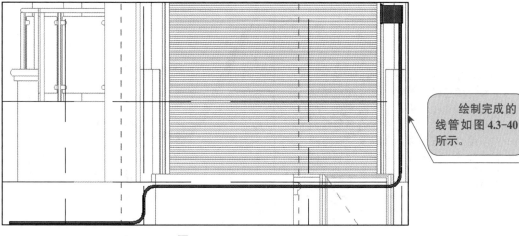

图 4.3-40

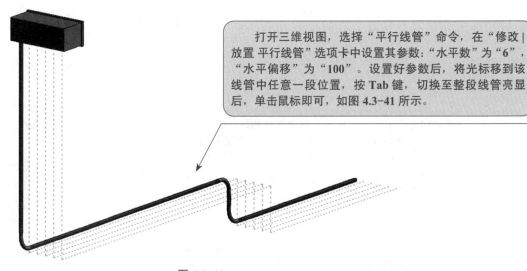

打开三维视图，选择"平行线管"命令，在"修改 | 放置 平行线管"选项卡中设置其参数："水平数"为"6"，"水平偏移"为"100"。设置好参数后，将光标移到该线管中任意一段位置，按 Tab 键，切换至整段线管亮显后，单击鼠标即可，如图 4.3-41 所示。

图 4.3-41

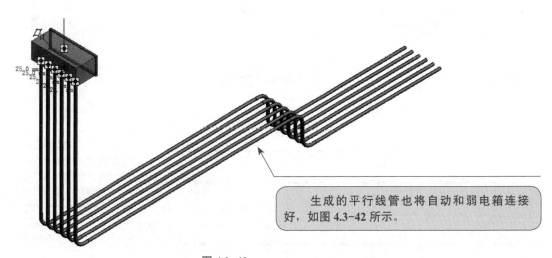

生成的平行线管也将自动和弱电箱连接好，如图 4.3-42 所示。

图 4.3-42

绘制的时候若发生线管碰撞，需合理绕开。线管三通或四通在摆放时，其 4 个边应与轴网平行，如图 4.3-43 所示。其余线管布置走向详见"电气平面图"以及"配电箱结线图"，按其要求逐一绘制每层线管即可。

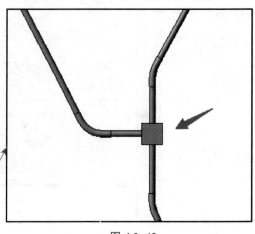

图 4.3-43

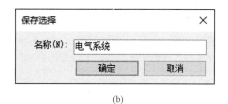

六、过滤器

在同一项目中，通常情况下设备部分是在同一个 Revit 文件中完成建模的。为了不影响后面其他专业的建模，可以设置一个过滤器控制整个管线系统的显示状态。

> 将所有线管创建完毕后，在三维视图中选中全部线管，在"修改|选择多个"选项卡中单击"保存"按钮，将所有线管保存为一个图元集，如图 4.3-44（a）所示。系统弹出"保存选择"对话框后，输入要保存的名称，此处将其命名为"电气系统"，如图 4.3-44（b）所示。

(a)

(b)

图 4.3-44

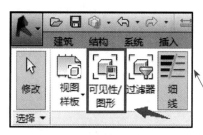

图 4.3-45

> 将线管保存为一个图元集后，在"视图"选项卡的"图形"面板中单击"可见性/图形"按钮，如图 4.3-45 所示。

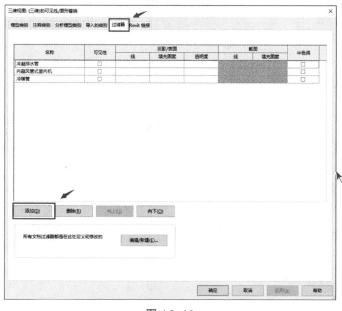

> 系统弹出"可见性/图形替换"对话框，在"过滤器"选项卡中单击"添加"按钮，添加过滤器，如图 4.3-46 所示。

图 4.3-46

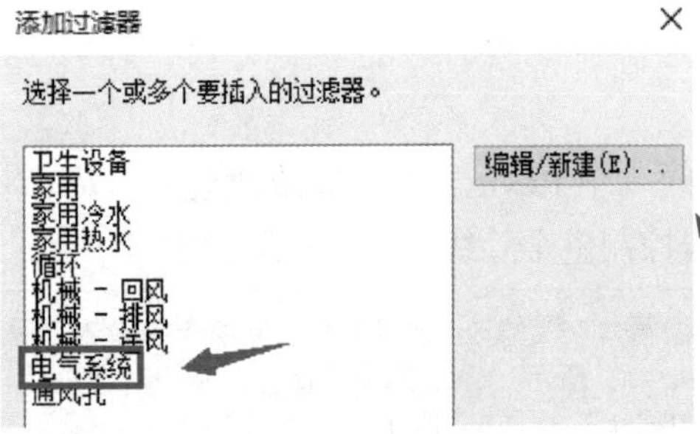

图 4.3-47

系统弹出"添加过滤器"对话框，在这里不用设置过滤条件，直接使用前面创建的图元集即可。选择"电气系统"选项后单击"确定"按钮，如图 4.3-47 所示。

在过滤器中会出现"电气系统"过滤器，通过在"可见性"一栏打勾可以控制其在该视图中的显示状态。

在杂乱的设备管线中，为方便辨别出某一系统，通常将该系统的显示颜色统一换掉。单击"电气系统"行对应的"投影/表面"→"填充图案"列中的"替换"按钮，如图 4.3-48 所示。

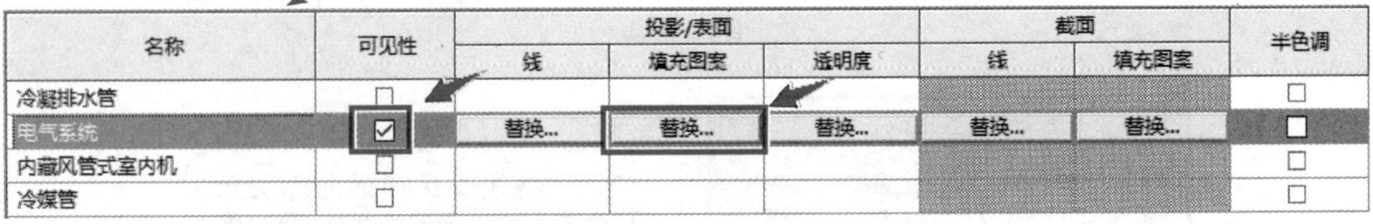

名称	可见性	投影/表面			截面		半色调
		线	填充图案	透明度	线	填充图案	
冷凝排水管	☐						☐
电气系统	☑	替换…	替换…	替换…	替换…	替换…	☐
内藏风管式室内机	☐						☐
冷媒管	☐						☐

图 4.3-48

系统弹出"填充样式图形"对话框，将"颜色"改为"绿色"，将"填充图案"改为"实体填充"，单击"确定"按钮，如图 4.3-49 所示。

图 4.3-49

该视图在"着色"模式下会显示出绿色，如图 4.3-50 所示。

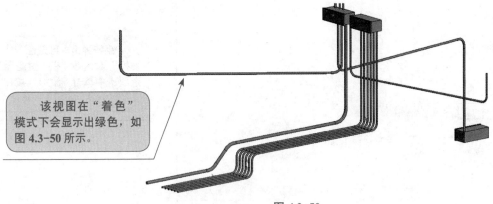

图 4.3-50

第四节 管道系统

管道系统包括空调水系统、生活给水排水系统及雨水系统等。空调水系统又分为冷冻水系统、冷却水系统、冷凝水系统等；生活给水排水系统分为冷水系统、热水系统、排水系统等。本章主要介绍在 Revit 软件中进行管道设置以及管道绘制的方法。

一、管道的设置

Revit 软件具有强大的管道设计功能。利用这些功能，给水排水工程师可以方便迅速地布置管路、调整管道尺寸、控制管道显示、进行管道标注和统计等。

1. 管道系统

在 Revit 软件中，管道系统有几种分类，在"项目浏览器"面板中展开"族"下的子目录，打开"管道系统"列表，如图 4.4-1 所示。"管道系统"族中预定义的 11 种管道系统分类有：循环供水、循环回水、卫生设备、家用热水、家用冷水、通风孔、湿式消防系统、干式消防系统、预作用消防系统、其他消防系统和其他。

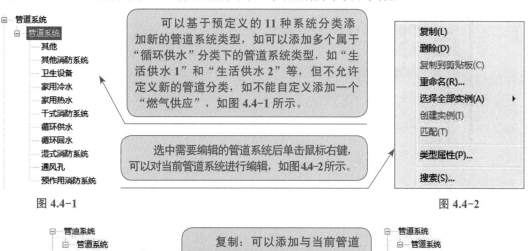

图 4.4-1

图 4.4-2

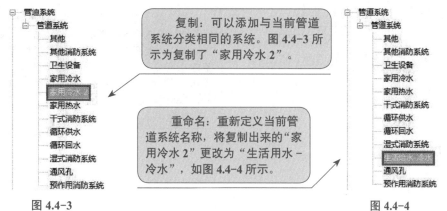

图 4.4-3

图 4.4-4

图 4.4-5

删除：删除当前系统。如果当前系统是该系统分类下的唯一一个系统，则该系统不能删除，**Revit** 软件会自动弹出一个错误报告，如图 4.4-5 所示。如果当前系统类型已经被项目中某个管道系统使用，该系统也不能删除，**Revit** 软件会自动弹出一个错误报告，如图 4.4-6 所示。

图 4.4-6

图 4.4-7

系统类型属性：图 4.4-7 所示为自定义管道系统"家用冷水 2"的"类型属性"对话框。

按照"类型属性"对话框中的参数分组，对"图形""材质和装饰"逐一介绍。

图 4.4-8

（1）在"图形"分组下的"图形替换"：用于控制管道系统的显示。单击"编辑"按钮，在弹出的"线图形"对话框中可以定义管道系统的"宽度""颜色"和"填充图案"，如图 4.4-8 所示。该设置将应用于属于当前管道系统的图元，除管道外，可能还包括管件、阀门和设备。

图 4.4-9

（2）"材质和装饰"分组下的"材质"：可以选择该管道系统所采用管道的材质；单击右侧按钮后，弹出"材质浏览器"对话框，可定义管道材质并应用于渲染，如图 4.4-9 所示。

2. 管道尺寸

在 Revit 软件中可以通过"机械设置"→"尺寸"选项查看、添加、删除当前项目文件中的管道尺寸信息。打开"机械设置"对话框的方式有以下 3 种：

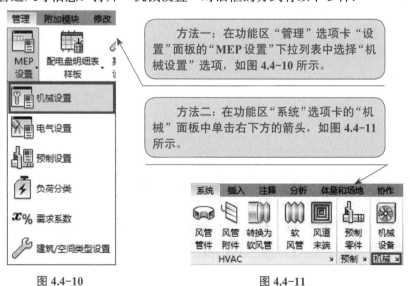

方法一：在功能区"管理"选项卡"设置"面板的"MEP 设置"下拉列表中选择"机械设置"选项，如图 4.4-10 所示。

方法二：在功能区"系统"选项卡的"机械"面板中单击右下方的箭头，如图 4.4-11 所示。

图 4.4-10   图 4.4-11

方法三：直接输入快捷方式"MS"。

（1）添加 / 删除管段。

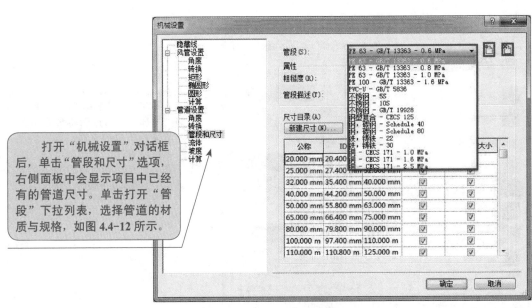

打开"机械设置"对话框后，单击"管段和尺寸"选项，右侧面板中会显示项目中已经有的管道尺寸。单击打开"管段"下拉列表，选择管道的材质与规格，如图4.4-12所示。

图 4.4-12

单击图4.4-12中的"新建管段"按钮，即可添加新的管段，系统弹出"新建管段"对话框，选择需要设置管段的"材质"或"规格/类型"，也可以两者都设置，然后设置管道的"材质""规格/类型""从以下来源复制尺寸目录"，如图4.4-13所示。如果需要删除管段，选择需要删除的管段，单击"删除管段"按钮，即可删除。

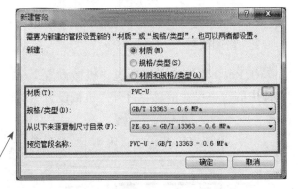

图 4.4-13

（2）添加/删除尺寸。

在"尺寸目录"面板中单击"新建尺寸"按钮，弹出"添加管道尺寸"对话框，设置管道的"公称直径""内径"和"外径"（新建管道的公称直径和现有列表中管道的公称直径不允许重复），如图4.4-14所示。删除尺寸的方法是选中需要删除的管道尺寸，单击"删除尺寸"按钮即可删除。

图 4.4-14

注意：如果在绘图区域已绘制了某尺寸的管道，选中该尺寸时，"删除尺寸"按钮将灰显，即表示该尺寸暂时不可删除，需要先删除绘图区域中该尺寸的管道，才能删除该尺寸。

（3）坡度设置。在"机械设置"对话框中，单击左侧的"坡度"选项，右侧面板会显示当前项目可使用的管道坡度列表，如图4.4-15所示。

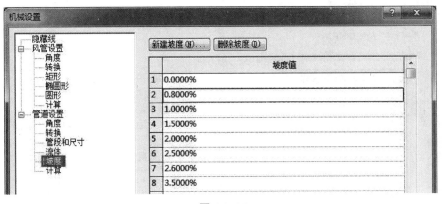

图 4.4-15

单击"新建坡度"按钮，系统弹出"新建坡度"对话框，输入需要的数值，单击"确定"按钮即可以定义新的坡度，如图 4.4-16 所示。

图 4.4-16

定义的新坡度将会出现在"坡度值"下拉列表中，如图 4.4-17 所示。

图 4.4-17

3. 过滤器的使用

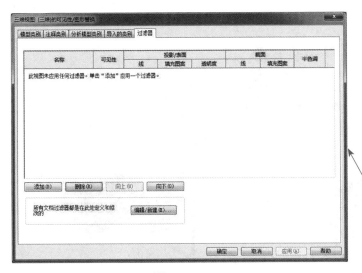

切换到三维视图，在"属性"面板中单击"可见性/图形替换"→"编辑"按钮（也可以直接输入快捷方式"VV"），系统弹出"可见性/图形替换"对话框，如图 4.4-18 所示。

图 4.4-18

在"可见性/图形替换"对话框中切换至"过滤器"面板，单击"添加"按钮，打开"添加过滤器"对话框，选择需要添加的管道系统，如图4.4-19所示。

图 4.4-19

将系统添加到过滤器之后，可以修改系统的"可见性""投影/表面"和"半色调"，如果需要隐藏某个系统，取消勾选该系统的可见性，即可隐藏该系统。"投影/表面"中的"线"和"填充图案"主要是修改系统在视图中显示的颜色以及填充图案，如图4.4-20所示。

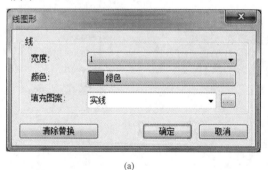

(a)

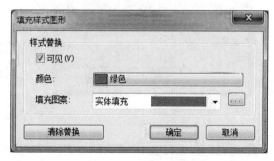

(b)

图 4.4-20

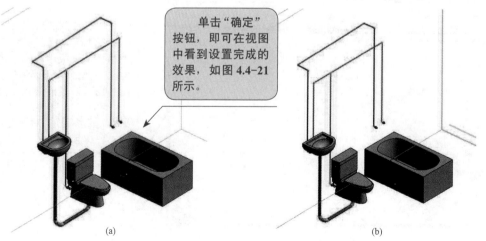

单击"确定"按钮，即可在视图中看到设置完成的效果，如图4.4-21所示。

(a)   (b)

图 4.4-21

（a）设置前的视图；（b）设置后的视图

在 Revit 软件中不仅可以把整个系统添加到过滤器中，还可以将某一部分的管道和管件成组添加到过滤器中，对该组的"可见性""投影／表面"和"半色调"进行编辑。

图 4.4-22

（1）选择需要成组的管道和构件，激活"修改｜选择多个"选项卡，在"选择"面板中单击"保存"按钮，系统弹出"保存选择"对话框，如图 4.4-22 所示。

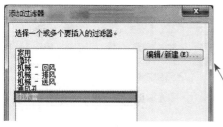

图 4.4-23

（2）打开"可见性／图形替换"对话框，切换到"过滤器"面板，单击"添加"按钮，在"添加过滤器"对话框中把上一步设置的组添加进过滤器中，如图 4.4-23 所示。

（3）使用过滤器可以修改该组的"可见性""投影／表面"和"半色调"，如图 4.4-24 所示。

(a)

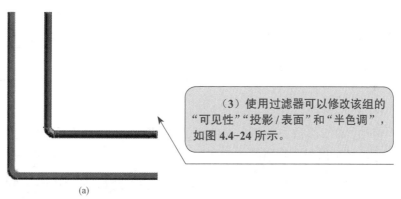

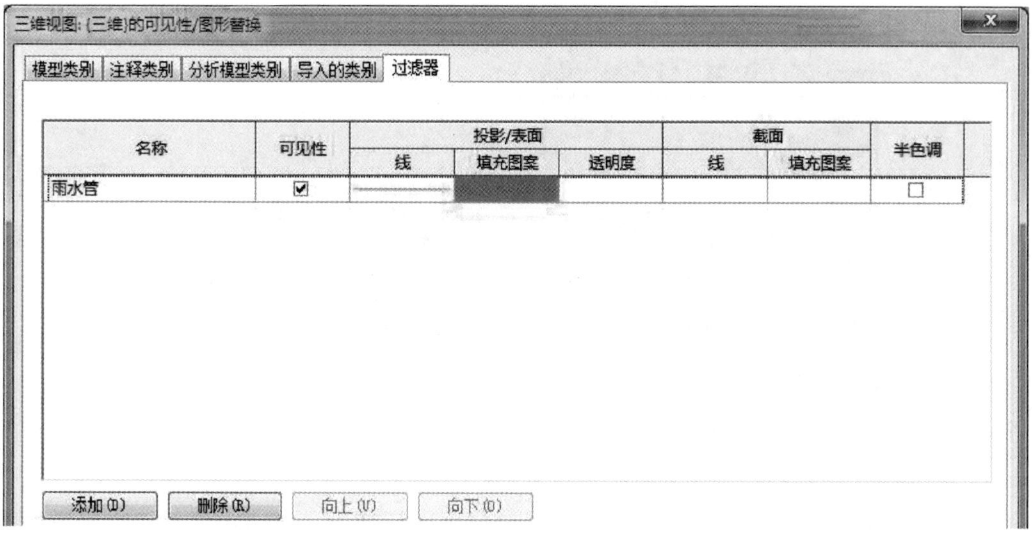

(b)

图 4.4-24

二、管道的绘制

1. 管道占位符

管道占位符是项目初期用来替代管道的，管道占位符与管道可以相互转换。管道占位符支持碰撞检查，如果管道占位符不发生碰撞，那么由该管道占位符转换的管道也不会发生碰撞。

在功能区中"系统"选项卡的"卫浴和管道"面板中单击"管道占位符"按钮，如图 4.4-25 所示。

图 4.4-25

单击"管道占位符"按钮后进入绘制模式后，激活"修改 | 放置管道占位符"选项卡。

在该选项卡中有"放置工具""偏移连接"和"带坡度管道"等命令，如图 4.4-26 所示。

图 4.4-26

在"修改 | 放置管道占位符"选项栏的"直径"下拉列表中选择管道占位符所代表的管道尺寸，还可以设置管道的"标高"和"偏移量"数值，如图 4.4-27 所示。

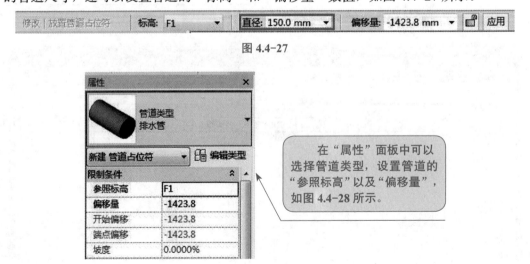

图 4.4-27

在"属性"面板中可以选择管道类型，设置管道的"参照标高"以及"偏移量"，如图 4.4-28 所示。

图 4.4-28

"放置方式"详见前述第三节中"三、绘制电缆桥架"，管道占位符代表管道的中心线，所以对正的方式是不可以进行修改的。

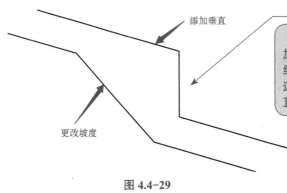

添加垂直

更改坡度

图 4.4-29

"偏移连接"有两种方式,分别是"添加垂直"和"更改坡度"。"添加垂直"是绘制管道时,使用当前的坡度值连接倾斜管道。"更改坡度"是绘制管道时,忽略坡度值,直接连接倾斜管道,如图 4.4-29 所示。

管道占位符可转换为管道。

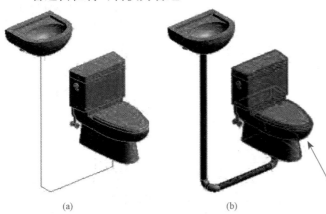

(a)   (b)

图 4.4-30

单击需要转换的管道占位符,在"修改 | 选择多个"选项卡的"编辑"面板中单击"转换占位符"按钮,管道占位符将被转换为带有管件的管道,如图 4.4-30 所示。

2. 软管

图 4.4-31

进入软管绘制模式:在功能区中"系统"选项卡的"卫浴和管道"面板中单击"软管"按钮(也可以直接输入快捷方式"FP"),如图 4.4-31 所示。

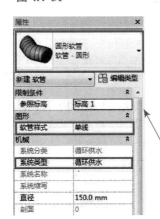

图 4.4-32

在软管的"属性"面板中选择需要的绘制的软管类型,选择"软管样式"(软管样式是指软管在平面视图下的显示样式)和软管的"系统类型",如图 4.4-32 所示。

165

进入"绘制"模式，激活"修改 | 放置 软管"选项卡，在"修改 | 放置 软管"选项栏中修改软管的"标高""直径"和"偏移量"数值，如图 4.4-33 所示。

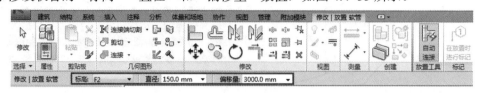

图 4.4-33

在绘图区域中，单击指点软管起点位置，沿着软管的路径在每个拐点单击鼠标，绘制完成软管终点后按 Esc 键，如图 4.4-34 所示。

切点○：允许调整软管首个和末个拐点处的连接方向。

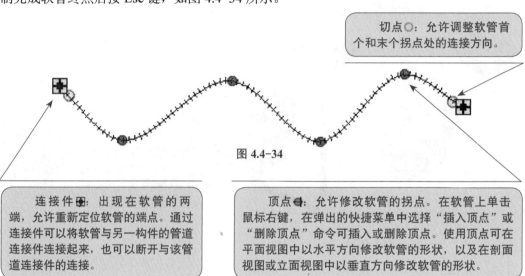

图 4.4-34

连接件⊞：出现在软管的两端，允许重新定位软管的端点。通过连接件可以将软管与另一构件的管道连接件连接起来，也可以断开与该管道连接件的连接。

顶点✥：允许修改软管的拐点。在软管上单击鼠标右键，在弹出的快捷菜单中选择"插入顶点"或"删除顶点"命令可插入或删除顶点。使用顶点可在平面视图中以水平方向修改软管的形状，以及在剖面视图或立面视图中以垂直方向修改软管的形状。

3. 管件

可以在所有的视图中放置管件，放置的方法有两种，分别是"自动添加管件"和"手动添加管件"。

图 4.4-35

自动添加管件：在绘制管道时可以自动添加管件。绘制管道时在"属性"面板中单击"编辑类型"按钮，在"类型属性"对话框中单击"布管系统配置"后的"编辑"按钮，打开"布管系统配置"对话框，即可编辑（部件类型是弯头、T 形三通、接管 - 可调、四通、过渡件、活头或法兰的管件才能被自动加载），如图 4.4-35 所示。

手动添加管件：在"系统"选项卡的"卫浴和管道"面板中单击"管件"按钮，在管件的"属性"面板中可以选择管件的类型，如图 4.4-36 所示。

图 4.4-36

4. 设备连接

设备的管道连接件可以连接管道和软管。连接管道和软管的方法类似，本节以洗脸盆管道连接件连接管道为例，介绍设备连接的方法。

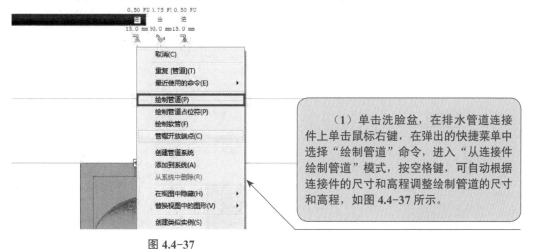

（1）单击洗脸盆，在排水管道连接件上单击鼠标右键，在弹出的快捷菜单中选择"绘制管道"命令，进入"从连接件绘制管道"模式，按空格键，可自动根据连接件的尺寸和高程调整绘制管道的尺寸和高程，如图 4.4-37 所示。

图 4.4-37

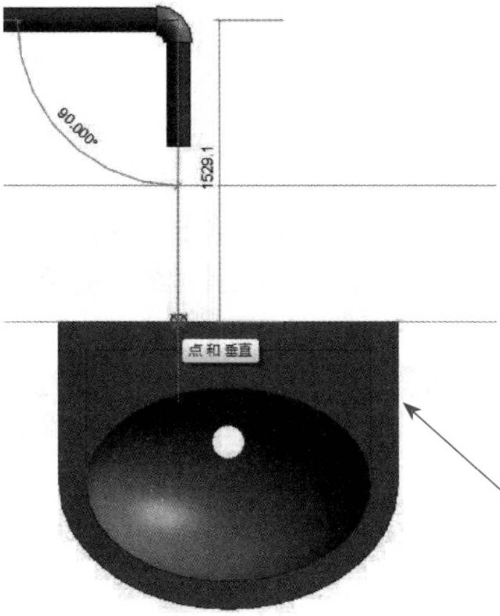

（2）直接拖动已绘制的管道到相应的洗脸盆管道连接件上，管道将自动捕捉洗脸盆上的管道连接件，完成连接，如图 4.4-38 所示。

图 4.4-38

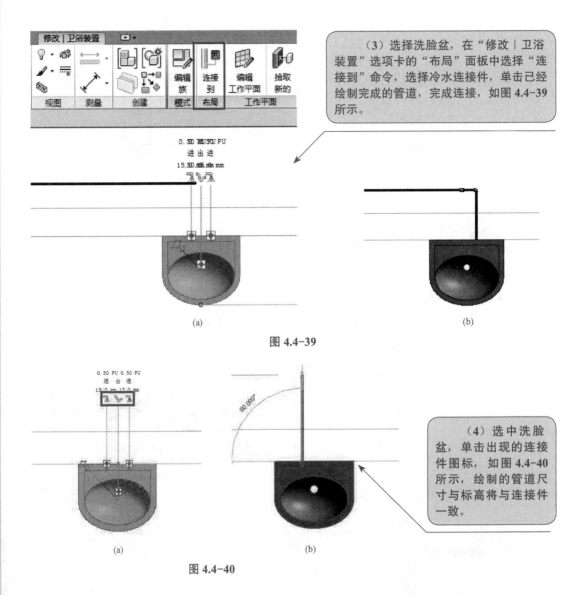

（3）选择洗脸盆，在"修改｜卫浴装置"选项卡的"布局"面板中选择"连接到"命令，选择冷水连接件，单击已经绘制完成的管道，完成连接，如图 4.4-39 所示。

(a)　　　　　　(b)

图 4.4-39

（4）选中洗脸盆，单击出现的连接件图标，如图 4.4-40 所示，绘制的管道尺寸与标高将与连接件一致。

(a)　　　　　　(b)

图 4.4-40

5. 管道的绘制

在功能区中"系统"选项卡的"卫浴和管道"面板中单击"管道"按钮，也可以直接输入快捷方式"PI"，进入管道绘制模式，激活"修改｜放置 管道"选项卡，如图 4.4-41 所示。

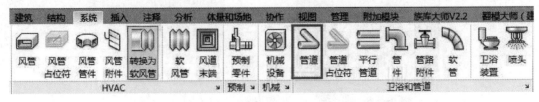

图 4.4-41

在"属性"面板中
根据项目的要求选择对应
的管道类型，设置管道的
"标高"与"偏移量"如
图 4.4-42 示。

图 4.4-42

选择管道尺寸：在"修改|放置
管道"选项栏的"直径"下拉列表中选
择尺寸，也可以直接输入需要绘制的管
道尺寸，如果在下拉列表中没有该尺
寸，将从下拉列表中自动选择和输入尺
寸最接近的管道尺寸，如图 4.4-43 所
示。如果在下拉列表中没有适应的尺
寸，可以在"机械设置"中新建尺寸，
新建方法详见前述"一、管道设置"的
相关内容。

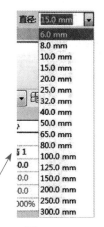

图 4.4-43

指定管道偏移：默认偏移量是指管道中心线相对于当前平面标高的距离。重新定义管道
"对正"方式后，"偏移量"指定的距离含义将发生变化。在"偏移量"下拉列表中可以选
择项目中已经用到的管道偏移量，也可以直接输入自定义的偏移值，默认单位为毫米。

管道一般都是有一定的坡度的，所以在绘制管道的时候，需要给管道设置一个坡度。进入管道
绘制模式后，在"修改|放置管道"选项卡的"带坡度管道"面板中可设置管道的坡度值，选择"禁
用坡度""向上坡度"或"向下坡度"选项，然后定义坡度值，如图 4.4-44 所示。

图 4.4-44

指定管道的放置方式：进入管道绘制模式后，在"修改|放置　管道"选项卡中有放置工具的
选项，如图 4.4-44 所示。
指定管道的起点和终点：将鼠标指针移至绘图区域，单击一点即可指定起点。将鼠标指针移动
到终点位置再单击，即可绘制一段管道。可以继续移动鼠标指针绘制下一管段，管道将根据管路布
局自动添加在"类型属性"对话框中预设好的管件。绘制完成后，按 Esc 键即可。

6. 管道的隔热层

（1）添加管道的隔热层。

选中需要添加隔热层的管路（可包含管件），在"修改|选择多个"选项卡的"管道隔热层"面板中单击"添加隔热层"按钮，如图 4.4-45 所示。

图 4.4-45

在"添加管道隔热层"对话框中选择管道隔热层的类型并选定隔热层的厚度，如图 4.4-46 所示。

图 4.4-46

单击"确定"按钮，即可为管道和管件添加隔热层，如图 4.4-47 所示。

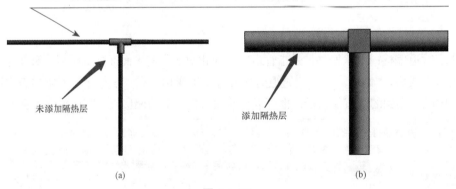

未添加隔热层　　　　　　　添加隔热层

(a)　　　　　　　　　　　(b)

图 4.4-47

（2）编辑和删除隔热层。

选中带有隔热层的管道后，进入"修改|管道"选项卡，可"编辑隔热层"或"删除隔热层"，如图 4.4-48 所示。

图 4.4-48

（3）隔热层的设置。

Revit 软件将管道隔热层作为系统族添加到项目中。打开"项目浏览器"可以查看和编辑当前项目中管道隔热层的类型，在"项目浏览器"中"族"→"管道隔热层"下面的隔热层类型上单击鼠标右键，弹出相应的快捷菜单，如图 4.4-49 所示。

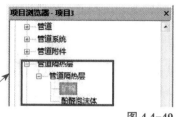

图 4.4-49

管道隔热层类型的快捷菜单中各选项的具体含义如下：

复制：可以添加一种管道隔热层类型。

删除：删除当前管道隔热层类型。如果当前管道隔热层类型是管道隔热层下的唯一类型，则该管道隔热层不能删除，如图 4.4-50 所示。

图 4.4-50

重命名：可以重新定义当前管道隔热层类型名称。

选择全部实例：可以选择项目中属于该管道隔热层类型的所有实例。

类型属性：单击"类型属性"按钮，系统弹出隔热层"类型属性"对话框，如图 4.4-51 所示。在对话框中可以设置管道隔热层的"材质和装饰"和"标识数据"。

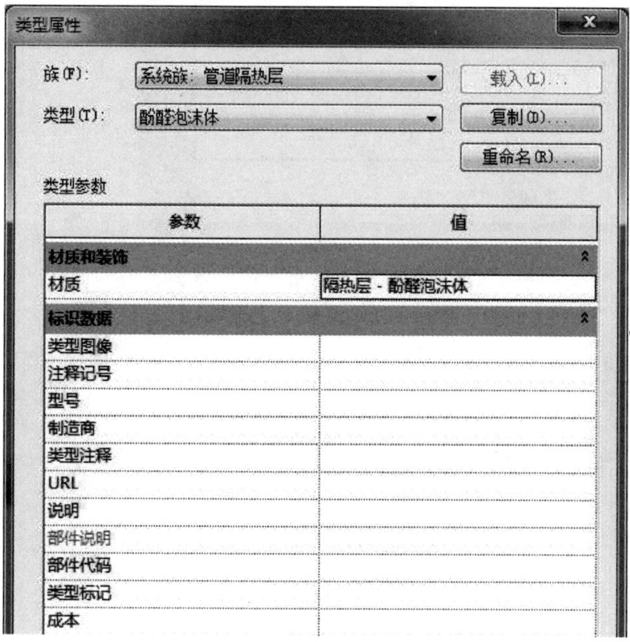

材质：设置当前管道隔热层的材质。

标识数据：用于添加当前管道隔热层的标识，便于过滤和制作明细表。

图 4.4-51

171

三、案例讲解

1. 给水管道的绘制

打开"小别墅–设备"文件，在"项目浏览器"中打开"卫浴"规程下的"卫浴"子规程，打开楼层平面视图，导入给水排水 CAD 图纸。

（1）新建管道尺寸。

> 根据项目设计说明要求新建尺寸，如图 4.4-52 所示。

塑料管外径与公称直径对照关系表

塑料管外径 /mm	20	25	32	40	50	63	75	90	110
公称直径 /mm	15	20	25	32	40	50	65	80	100
公称直径 /in	1/2	3/4	1	5/4	3/2	2	5/2	3	4

图 4.4-52

打开"机械设置"对话框，单击"管段和尺寸"选项，选择"PVC-U"选项后新建尺寸，如图 4.4-53 所示，方法详见前述"一、管道设置"的相关内容。

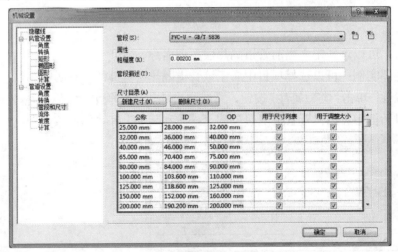

图 4.4-53

（2）新建管道类型。

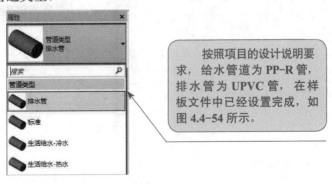

> 按照项目的设计说明要求，给水管道为 PP-R 管，排水管为 UPVC 管，在样板文件中已经设置完成，如图 4.4-54 所示。

图 4.4-54

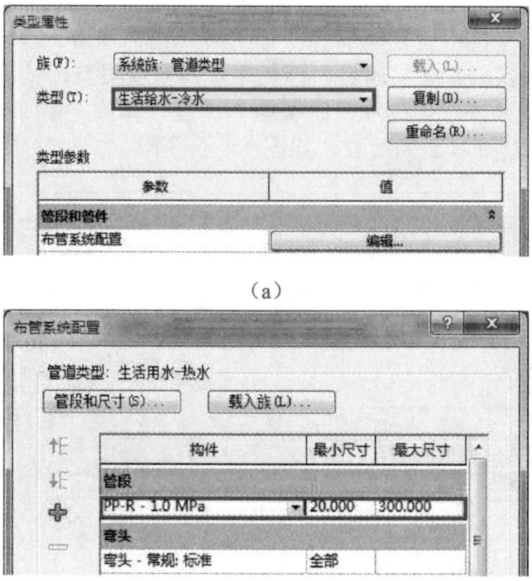

（a）

（b）

图 4.4-55

在"系统"选项卡的"卫浴和管道"面板中单击"管道"按钮，进入管道绘制模式，在"属性"面板中单击"编辑类型"按钮，打开"类型属性"对话框，复制创建新的管道类型，图 4.4-55（a）所示，单击"布管系统配置"后的"编辑"按钮，在"布管系统配置"对话框中选择管段，如图 4.4-55（b）所示，方法详见前述"一、管道设置"的相关内容。

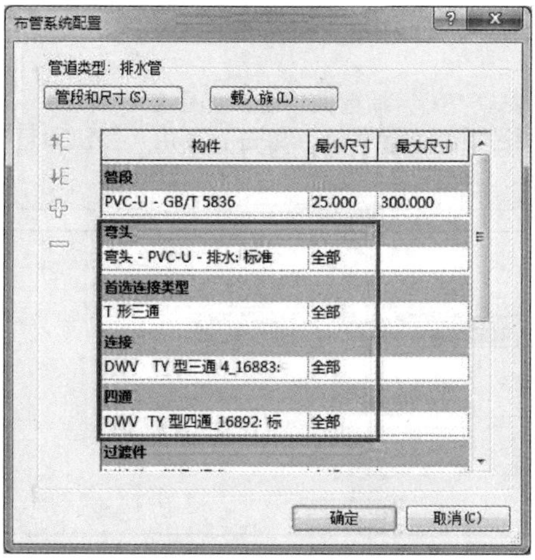

图 4.4-56

项目中要求排水管横管与横管连接要采用 TY 形或 Y 形三通，可以在"布管系统配置"对话框中设置（注意："最小尺寸"选择"全部"，如果选择"无"或者只选择某个尺寸，那么绘制管道时未选择的尺寸则无法自动生成），如图 4.4-56 所示。

（3）绘制管道。

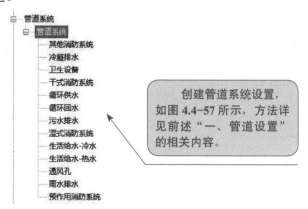

图 4.4-57

创建管道系统设置，如图 4.4-57 所示，方法详见前述"一、管道设置"的相关内容。

在"系统"选项卡的"卫浴和管道"面板中单击"管道"按钮，进入管道绘制模式，在"属性"面板中选择管道类型，定义管道标高，以及选择管道的"系统类型"，在"修改 | 放置 管道"选项栏中选择管道的尺寸，如图 4.4-58 所示。

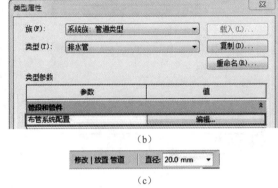

（a）

（b）

（c）

图 4.4-58

绘制立管，将鼠标指针移至立管的圆边缘输入快捷方式"SC"捕捉圆中心，如图 4.4-59（a）所示，捕捉中心后单击鼠标，在"修改 | 放置管道"选项栏中修改偏移值，单击"应用"按钮即可绘制立管，如图 4.4-59（b）所示。

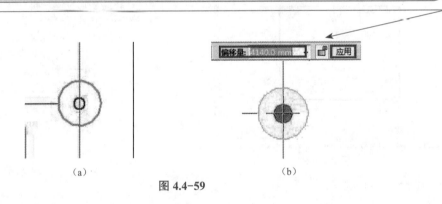

（a）

（b）

图 4.4-59

根据 CAD 图纸从立管出发开始绘制横管，在立管中心开始绘制，绘制时会有管道尺寸的变换，在管道尺寸变换处单击鼠标，直接在"修改 | 放置管道"选项栏中更改相应的尺寸，继续绘制即可自动生成过渡件，如图 4.4-60 所示。

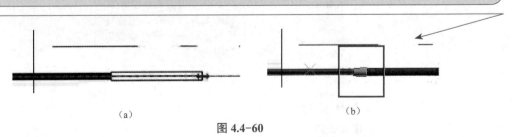

（a）

（b）

图 4.4-60

管道三通的绘制：直接在横管的中心线上绘制另外一根横管（绘制管道时单击横管中心线，按空格键即可继承横管的高程及大小），如图 4.4-61 所示，软件会自动生成管件将两根横管连接起来。

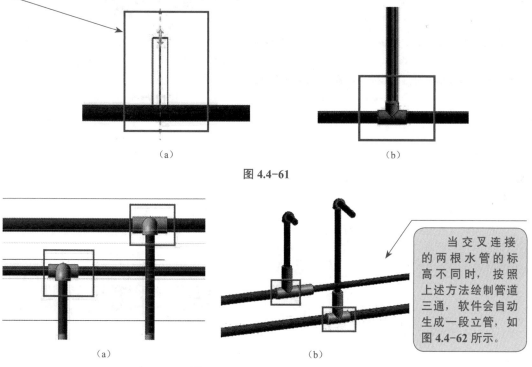

（a）　　　　　　　　　　　　　　　　　　（b）

图 4.4-61

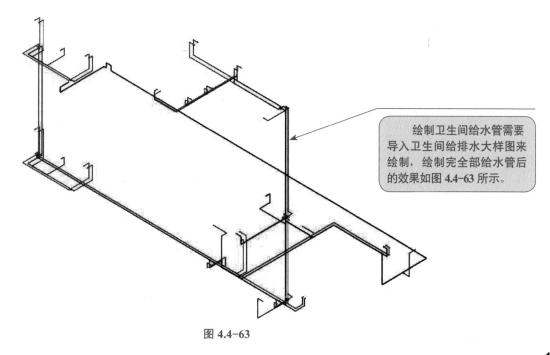

（a）　　　　　　　　　　　　　　　　　　（b）

　　当交叉连接的两根水管的标高不同时，按照上述方法绘制管道三通，软件会自动生成一段立管，如图 4.4-62 所示。

图 4.4-62

　　绘制卫生间给水管需要导入卫生间给排水大样图来绘制，绘制完全部给水管后的效果如图 4.4-63 所示。

图 4.4-63

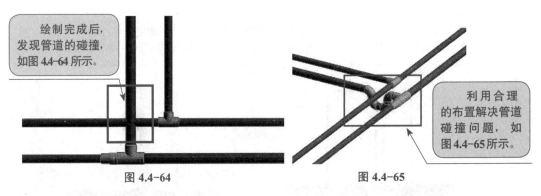

绘制完成后，发现管道的碰撞，如图 4.4-64 所示。

图 4.4-64

利用合理的布置解决管道碰撞问题，如图 4.4-65 所示。

图 4.4-65

2. 排水管道的绘制

在绘制排水管道时，管道是带有坡度的，根据项目要求定义管道坡度。排水横管坡度（除标明外）为：$DN200$，$i = 0.008$；$DN150$，$i = 0.01$；$DN100$，$i = 0.02$；$DN75$，$i = 0.025$；$DN50$，$i = 0.03$。

选择排水管道的管道类型和标高、管道的系统类型、管道直径，根据图纸上的管道坡度选择坡度方向以及坡度值，如图 4.4-66 所示。

图 4.4-66

绘制排水管道时，管道会有图 4.4-67（a）所示的连接方式。

在绘制一根管道后，改变方向绘制第二根，在改变方向的地方会自动生成弯头，选择弯头，在弯头附近会出现两个加号，如图 4.4-67（b）所示。

单击"+"号即可生成三通管件，如图 4.4-67（c）所示。

从三通管件拖拽点绘制管道即可，如图 4.4-67（d）所示。

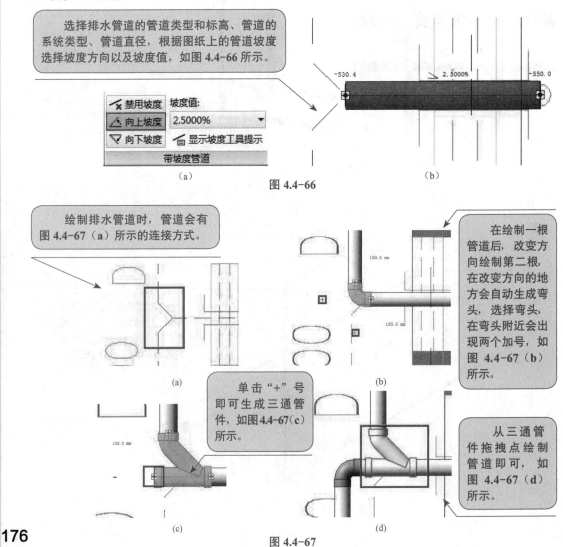

图 4.4-67

四通弯头的添加：绘制完三通之后，选择三通，单击三通处的"+"号，三通即可变成四通，单击"管道"绘制工具，移动鼠标指针到四通连接处，出现捕捉点，单击捕捉点即可绘制四通弯头，如图 4.4-68 所示。

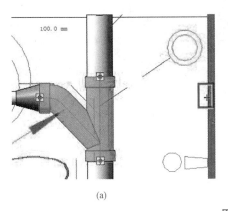
(a)

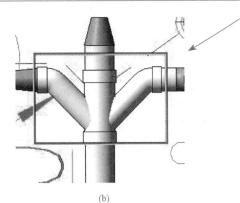
(b)

图 4.4-68

若项目中排水管道需要放置 P 形存水弯和 S 形存水弯，可在"系统"选项卡的"卫浴和管道"面板中单击"管件"按钮，在"属性"面板中选择 S 形存水弯，先在地漏处绘制一根立管，如果存水弯的方向不正确，可以选中存水弯，然后存水弯附近将会出现"旋转"符号，如图 4.4-69 所示。

单击该旋转符号即可旋转存水弯，再在存水弯连接处直接绘制管道到横管上，如图 4.4-70 所示。

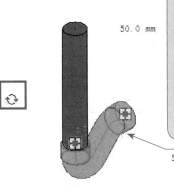

图 4.4-69

图 4.4-70

(a)

(b)

图 4.4-71

添加管道附件：在"系统"选项卡的"卫浴和管道"面板中单击"管道附件"按钮，在"属性"面板中选择需要添加的管道附件。下面以放置雨水斗为例。选择雨水斗，将雨水斗移至立管顶端中心位置，单击鼠标完成放置，如图 4.4-71 所示。

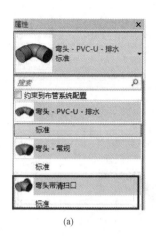

(a)

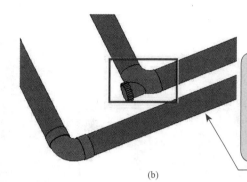

清扫口的放置：单击需要放置清扫口的弯头，在"属性"面板中选择带清扫口的弯头进行置换，如图 4.4-72 所示。

(b)

图 4.4-72

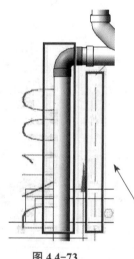

应注意的是，在建模的时候，管道的位置不一定与 CAD 图纸上的位置完全重合，可以进行适当的调整，如图 4.4-73 所示。

图 4.4-73

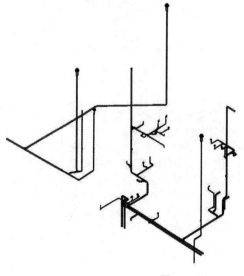

把各层的排水管绘制完成后，最终的模型如图 4.4-74 所示。

图 4.4-74

第五节　机械系统

Revit MEP 为暖通设计提供快速准确的计算分析功能，其风管和管道尺寸计算工具可根据不同算法确定干管、支管乃至整个系统的管道尺寸，创建出来的模型直观地反映设计布局，实现所见即所得。另外，还可以检查工具及明细表，帮助用自动计算压力和流量等系统信息来检查系统设计的合理性。

一、风管的设置

1. 风管类型

在"系统"选项卡的"HVAC"面板中选择"风管"命令，通过绘图区域左侧的"属性"面板选择和编辑风管的类型。Revit 软件提供的"Mechanical-Default-CHSCHS.rte"和"Systems-Default-CHSCHS.rte"项目样板文件中默认配置了 4 种类型的矩形风管、3种类型的圆形风管和 4 种类型的椭圆形风管，默认的风管类型与风管连接方式有关。

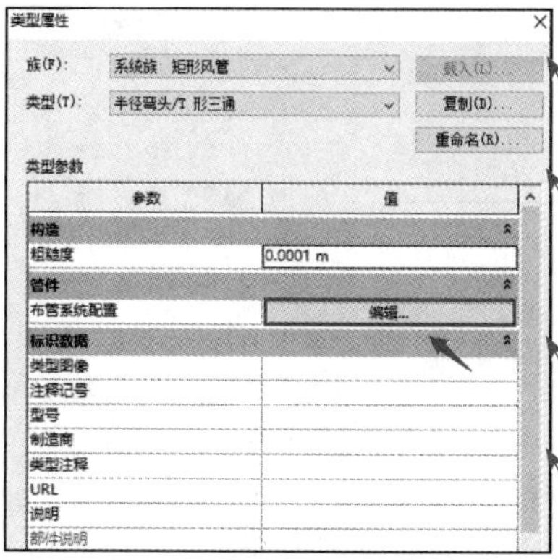

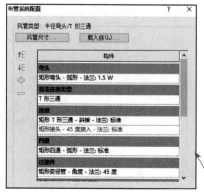

图 4.5-1

单击"属性"面板中的"编辑类型"按钮，系统弹出"类型属性"对话框，可以对风管类型进行配置，如图 4.5-1 所示。

复制：可以根据已有风管类型添加新的风管类型。

粗糙度：可根据风管材料设置粗糙度，用于计算风管的沿程阻力。

标识数据：通过编辑标识数据中的参数为风管添加标识。

图 4.5-2

管件：在"类型属性"对话框中单击"布管系统配置"后的"编辑"按钮，在弹出的"布管系统配置"对话框中可以指定绘制风管时自动添加到风管管路中的管件，如图 4.5-2 所示。以下管件类型可以在绘制风管时自动添加到风管中：弯头、T 形三通、接头、交叉线（四通）、过渡件（变径）、多形状过渡件矩形到圆形（天圆地方）、多形状过渡件矩形到椭圆形（天圆地方）、多形状过渡件椭圆形到圆形（天圆地方）和活接头。不能在"管件"列表中选取的管件类型，需要手动添加到风管系统中，如 Y 形三通、斜四通等。

2. 风管尺寸

在 Revit MEP 中，通过"机械设置"对话框可以查看、添加、删除当前项目文件中的风管尺寸信息。

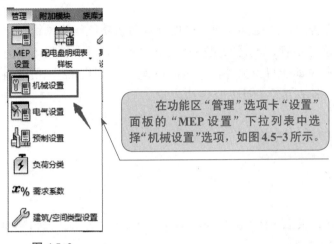

在功能区"管理"选项卡"设置"面板的"MEP 设置"下拉列表中选择"机械设置"选项，如图4.5-3所示。

图 4.5-3

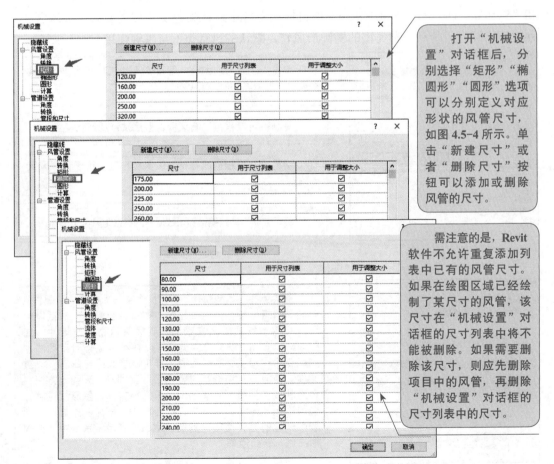

打开"机械设置"对话框后，分别选择"矩形""椭圆形""圆形"选项可以分别定义对应形状的风管尺寸，如图4.5-4所示。单击"新建尺寸"或者"删除尺寸"按钮可以添加或删除风管的尺寸。

需注意的是，Revit软件不允许重复添加列表中已有的风管尺寸。如果在绘图区域已经绘制了某尺寸的风管，该尺寸在"机械设置"对话框的尺寸列表中将不能被删除。如果需要删除该尺寸，则应先删除项目中的风管，再删除"机械设置"对话框的尺寸列表中的尺寸。

图 4.5-4

3. 其他设置

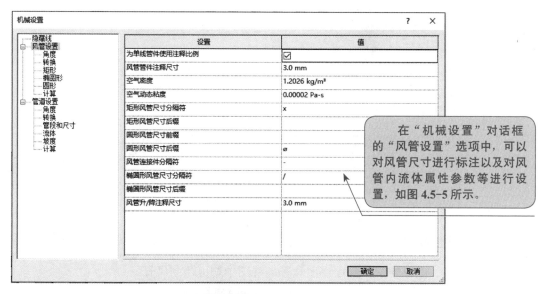

图 4.5-5

图中的说明框文字：在"机械设置"对话框的"风管设置"选项中，可以对风管尺寸进行标注以及对风管内流体属性参数等进行设置，如图 4.5-5 所示。

"机械设置"对话框的"风管设置"选项中的具体参数意义如下：

为单线管件使用注释比例：如果勾选该选项，在平面视图中，风管管件和风管附件在粗略显示程度下，将会以"风管管件注释尺寸"参数所指定的尺寸显示。在默认情况下，这个设置是勾选的。如果取消勾选，后续绘制的风管管件和风管附件族将不再使用注释比例显示，但之前已经布置到项目中的风管管件和风管附件族不会更改，仍然使用注释比例显示。

风管管件注释尺寸：指定在单线视图中绘制的风管管件和风管附件的出图尺寸。无论图纸比例为多少，该尺寸始终保持不变。

空气密度：每立方米空气的质量，用于风管水力计算，单位为 kg/m^3。

空气动态黏度：空气黏滞系数，与空气温度有关，用于风管的水力计算，单位为 $Pa \cdot s$。

矩形风管尺寸分隔符：显示矩形风管尺寸标注的分隔符号，如"500 mm×500 mm"。

矩形风管尺寸后缀：指定附加到根据"实例属性"参数显示的矩形风管尺寸后面的符号。

圆形风管尺寸后缀：指定附加到根据"实例属性"参数显示的圆形风管尺寸后面的符号。

风管连接件分隔符：指定在使用两个不同尺寸的连接件时用来分隔信息的符号。

椭圆形风管尺寸分隔符：显示椭圆形风管尺寸的符号，如"500 mm/500 mm"。

椭圆形风管尺寸后缀：指定附加到根据"实例属性"参数显示的椭圆形风管尺寸后面的符号。

风管升 / 降注释尺寸：指定在单线视图中绘制的风管升 / 降注释的出图尺寸。无论图

181

纸比例为多少，该尺寸始终保持不变。

二、风管的绘制

本节主要介绍风管占位符和风管管路的绘制，以及风管管件和附件的使用。

1. 风管占位符

风管占位符用于风管的单线显示，不自动生成管件。风管占位符与风管可以相互转换。在项目初期可以绘制风管占位符代替风管以提高软件的运行速度。风管占位符支持碰撞检查功能，由不发生碰撞的风管占位符转换成的风管也不会碰撞。其绘制及转换的操作与第四章 第四节"管道占位符"部分相似，在本节不再重复讲解。

2. 基本风管的绘制

在平面视图、立面视图、剖面视图和三维视图中均可绘制风管。

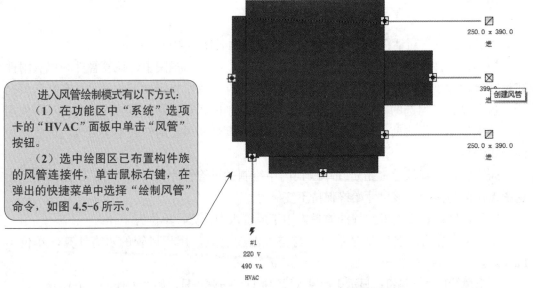

> 进入风管绘制模式有以下方式：
> （1）在功能区中"系统"选项卡的"HVAC"面板中单击"风管"按钮。
> （2）选中绘图区已布置构件族的风管连接件，单击鼠标右键，在弹出的快捷菜单中选择"绘制风管"命令，如图4.5-6所示。

图 4.5-6

进入风管绘制模式后，"修改 | 放置 风管"选项卡和"修改 | 放置 风管"选项栏被同时激活，绘制步骤如下：

（1）选择风管类型。

> 在风管"属性"面板中选择需要绘制的风管类型，如图4.5-7所示。

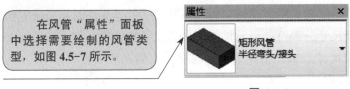

图 4.5-7

（2）选择风管尺寸。

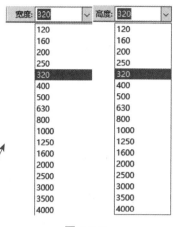

在"修改|放置 风管"选项栏的"宽度"或"高度"下拉列表中选择在"机械设置"中设定的风管尺寸，如图4.5-8所示。如果在下拉列表中没有需要的尺寸，可以在"宽度"和"高度"文本框中直接输入绘制的尺寸。

图 4.5-8

（3）指定风管偏移。默认偏移量是指风管中心线相对于当前平面标高的距离。重新定义风管"对正"方式后，偏移量指定距离的含义将发生变化。在"偏移量"下拉列表中可以选择项目中已经用到的风管偏移量，也可以直接输入自定义的偏移量数值，默认单位为mm，如图4.5-9所示。

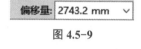

图 4.5-9

（4）指定风管放置方式。在绘制风管时可以使用"修改|放置 风管"选项卡"放置工具"面板上的命令指定所要绘制风管的放置方式，如图4.5-10所示。其设置方法同第四章 第三节"电气设置"部分相同，在这里不再重复讲解。

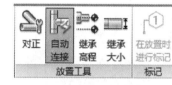

图 4.5-10

（5）指定风管的起点和终点。将鼠标移至绘图区指定风管的起点，移动至终点位置再次单击鼠标，完成一段风管的绘制。若继续移动鼠标绘制下一段管段，风管将根据管路布局自动添加在"类型属性"对话框中预设好的风管管件。绘制完成后，按Esc键或单击鼠标右键，在弹出的快捷菜单中选择"取消"命令，则退出"绘制风管"命令，如图4.5-11所示。

图 4.5-11

注意：风管绘制完成后，在任意视图中均可以使用"修改类型"命令修改风管的类型。此命令只能修改整段风管，包括管件。鼠标指中需要修改的管段，按Tab键切换选择整段风管，在"修改|选择多个"选项卡的"编辑"面板中选择"修改类型"命令，如图4.5-12所示。在风管"属性"面板中，可以直接更换风管类型或单击"编辑类型"按钮，在弹出的"类型属性"对话框中编辑当前风管类型。该功能支持在选择多段风管（含管件）的情况下进行风管类型的替换，除风管"机械"分组下的属性被更新外，管件也将被更新成新风管类型的配置。

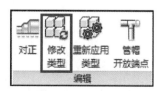

图 4.5-12

三、风管管件的使用

风管管路中包含大量连接风管的管件，下面介绍绘制风管时风管管件的使用方法和注意事项。

1. 放置风管管件

（1）自动添加：绘制某一类型的风管时，可通过风管"类型属性"对话框的"管件"选项指定风管管件，也可以根据风管布局自动加载相应的管件到风管管路中。目前以下类型的管件可以在"类型属性"对话框中指定：弯头、T形三通、接头、交叉线（四通）、过渡件（变径）、多形状过渡件矩形到圆形（天圆地方）、多形状过渡件矩形到椭圆形（天圆地方）、多形状过渡件椭圆形到圆形（天圆地方）、活接头。用户可根据需求选择相应的风管管件族。

（2）手动添加：在"类型属性"对话框中的"管件"列表中无法指定的管件类型，如Y形三通、斜T形三通、斜四通、裤衩管、多个端口（对应非规则管件），使用时需手动插入到风管中或者将管件放置到所需位置后手动绘制风管。部分风管管件示意如图4.5-13所示。

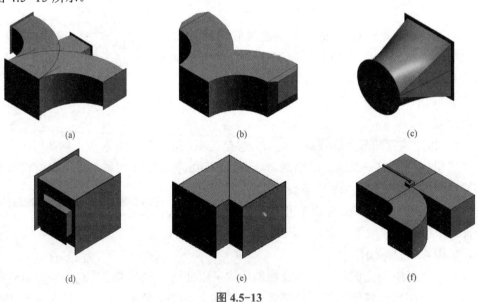

| (a) | (b) | (c) |
| (d) | (e) | (f) |

图4.5-13

（a）弧形四通；（b）带过渡件的Y形三通；（c）天圆地方；
（d）矩形T形三通；（e）矩形弯头；（f）三通调节阀

2. 编辑管件

在绘图区域中单击选中某一管件，管件周围会显示一组管件控制柄，可用于修改管件尺寸、调整管件方向和进行管件升级或降级，如图4.5-14所示。

（1）在所有连接件都没有连接风管时，可单击尺寸标注改变管件尺寸，如图4.5-14（a）所示。

（2）单击"⇆"符号可以使管件沿符号方向水平翻转180°。

（3）单击"↻"符号可以旋转管件〔注意：当管件连接风管后，该符号将不再出现，如图4.5-14（b）所示〕。

（4）如果管件的所有连接件都连接风管，可能出现"＋"符号，表示该管件可以升级，如图4.5-14（b）所示（例：弯头可以升级为T形三通，T形三通可以升级为四通等）。

（5）如果管件有一个未使用连接风管的连接件，在该连接件的旁边可能出现"－"符号，表示该管件可以降级，如图4.5-14（c）所示（例如，带有未使用连接件的四通可以降级为T形三通，带有未使用T形三通可以降级为弯头等。如果管件上有多个未使用的连接件，则不会显示"＋""－"符号）。

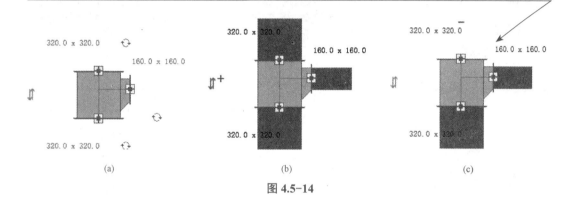

图4.5-14

四、软风管的绘制

在平面视图和三维视图中均可绘制软风管。

1. 绘制软风管

在"系统"选项卡"HVAC"面板中单击"软风管"按钮，如图4.5-15所示。

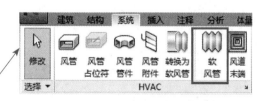

图4.5-15

（1）选择软风管类型。在软风管"属性"面板中选择需要绘制的软风管类型，有"圆形软风管"和"矩形软风管"，如图4.5-16所示。

（2）选择软风管的尺寸。

（3）指定软风管的偏移。

（4）指定软风管的起点和终点。

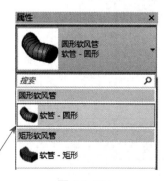

图4.5-16

2. 修改软风管

在软风管上拖拽两端连接件、顶点和切点，可以调整软风管的路径，其操作方法与前述第四章 第四节"软管"部分相同，此处不再重复讲解。

3. 软风管样式

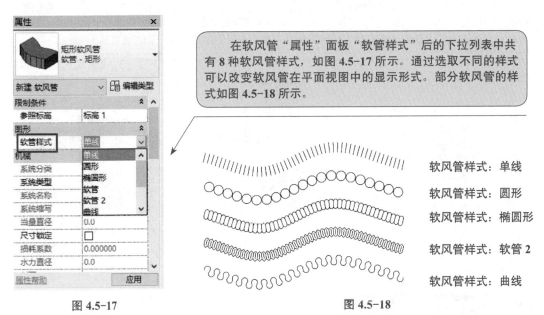

在软风管"属性"面板"软管样式"后的下拉列表中共有 8 种软风管样式，如图 4.5-17 所示。通过选取不同的样式可以改变软风管在平面视图中的显示形式。部分软风管的样式如图 4.5-18 所示。

软风管样式：单线

软风管样式：圆形

软风管样式：椭圆形

软风管样式：软管 2

软风管样式：曲线

图 4.5-17   图 4.5-18

五、风管隔热层和内衬

管道中的隔层只有隔热层，而风管的隔层除了隔热层外还有内衬，选中需要添加隔热层／内衬的管段，在"修改｜风管"选项卡中激活"风管隔热层"和"风管内衬"面板。

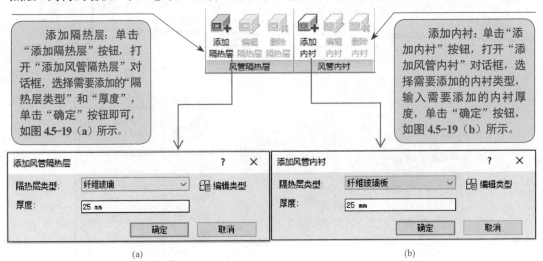

添加隔热层：单击"添加隔热层"按钮，打开"添加风管隔热层"对话框，选择需要添加的"隔热层类型"和"厚度"，单击"确定"按钮即可，如图 4.5-19（a）所示。

添加内衬：单击"添加内衬"按钮，打开"添加风管内衬"对话框，选择需要添加的内衬类型，输入需要添加的内衬厚度，单击"确定"按钮，如图 4.5-19（b）所示。

(a)   (b)

图 4.5-19

六、案例讲解

本案例中通风空调系统采用风管式室内机，其连接的管道只有冷媒管和冷凝水管，没有风管。打开"小别墅 – 设备"文件，打开机械规程下的暖通平面图，导入每层平面图对应的 CAD 图纸。

1. 添加设备

本案例在"空调通风设计施工说明"中未明确指明风管式室内机的具体安装高度，结合冷凝水管的高度，设置负一层室内机的安装高度为 2 600 mm，首层室内机的安装高度为 3 600 mm，二层室内机的安装高度为 3 500 mm。

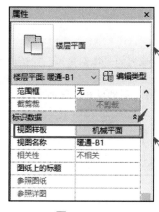

> 因室内机的安装高度超过视图范围的剖切面，在该楼层中无法看到剖切面高度以上的构件，故应先调整其剖切面高度。

> 在"属性"面板"视图样板"后的下拉列表中选择"机械平面"选项，如图 4.5-20 所示。

图 4.5-20

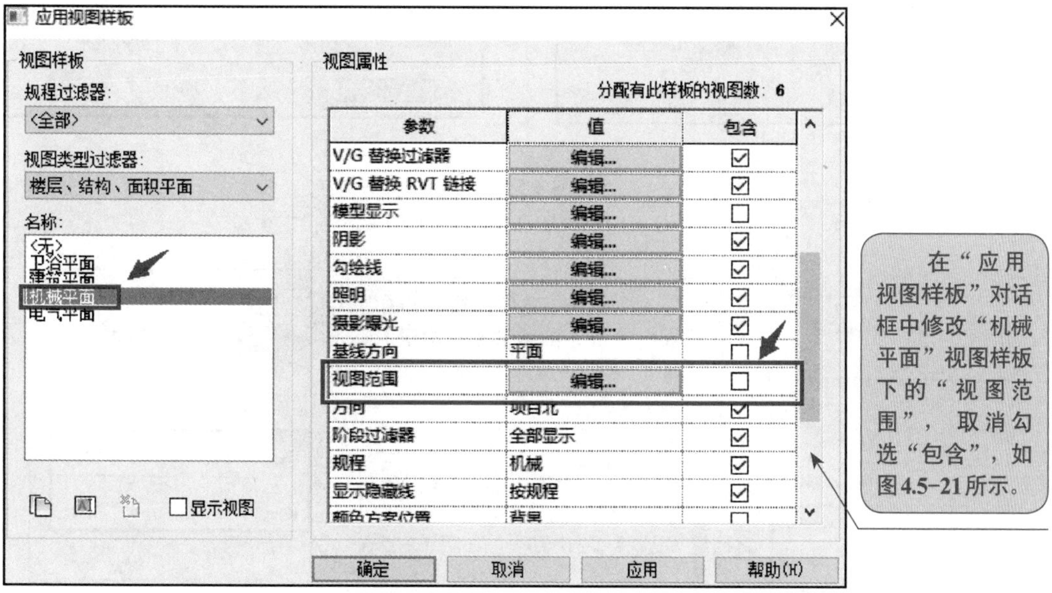

> 在"应用视图样板"对话框中修改"机械平面"视图样板下的"视图范围"，取消勾选"包含"，如图 4.5-21 所示。

图 4.5-21

187

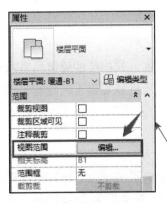

图 4.5-22

在"属性"面板中单击"视觉范围"后的"编辑"按钮，如图 4.5-22 所示。

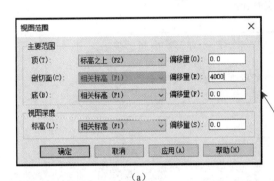

（a）

在弹出的"视图范围"对话框中对每一个视图进行调整修改，如图 4.5-23 所示，将其设置完成后即可开始摆放设备。

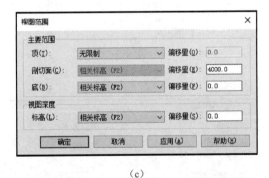

（b）

（c）

图 4.5-23

（a）B1 层；（b）F1 层；（c）F2 层

图 4.5-24

在"系统"选项卡的"机械"面板中单击"机械设备"按钮，在"属性"面板内选择对应的室内机，如图 4.5-24 所示。

在"属性"面板中设置限制条件，将"标高"设置为"B1"，将"偏移量"设置为"2 600.0"，如图 4.5-25 所示。

图 4.5-25

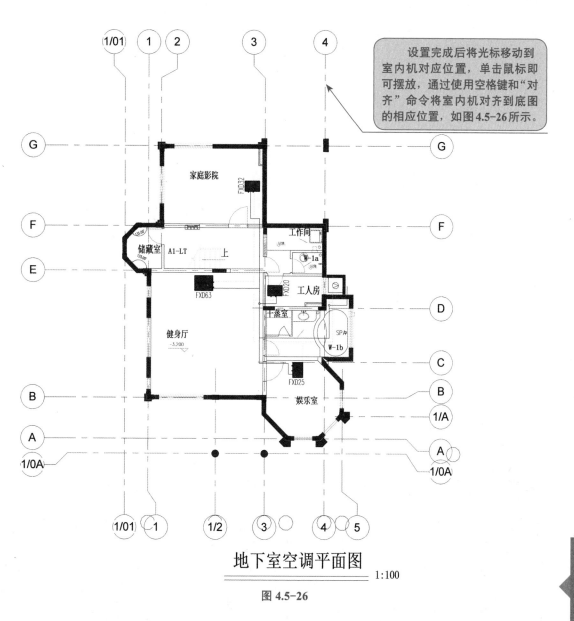

设置完成后将光标移动到室内机对应位置，单击鼠标即可摆放，通过使用空格键和"对齐"命令将室内机对齐到底图的相应位置，如图4.5-26所示。

地下室空调平面图

1:100

图 4.5-26

2. 绘制管线

本案例中管线在穿墙处预埋套管标高有限定，故应按限定标高来绘制管线。"空调通风设计施工说明"中要求：空调冷凝水管采用 UPVC 管，其水平坡度不小于 0.7%，冷凝水立管管径为 DN32，水平预留分支管径为 DN25。冷媒管采用无缝铜管，管径大小和壁厚均根据厂家提供的数据经核实后确定，这里采用 DN15 铜管即可。

（1）创建管道类型。

189

按照同样的方法，将 F1 和 F2 两个楼层的室内机摆放好即可，如图 4.5-27 所示。

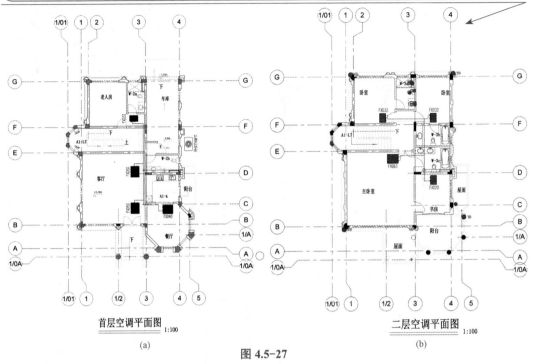

首层空调平面图 1:100

(a)

二层空调平面图 1:100

(b)

图 4.5-27

（a）F1；（b）F2

创建管道类型为"PVC-U- 冷凝水管"，其布局系统配置如图 4.5-28（a）所示。

创建管道类型为"无缝钢管"，其布局系统配置如图 4.5-28（b）所示。

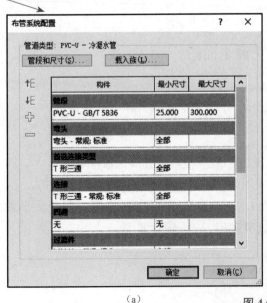

（a）

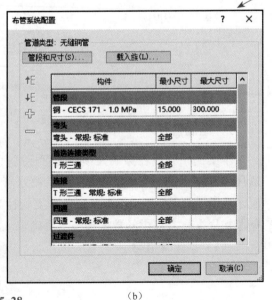

（b）

图 4.5-28

（a）PVC-U- 冷凝水管；（b）无缝钢管

（2）创建管道系统。

在"项目浏览器"中双击"冷凝水"选项，系统弹出"类型属性"对话框，单击"图形替换"后面的"编辑"按钮，将系统颜色改为黄色，如图 4.5-30 所示。同样，将"冷媒管"系统改为橙色。

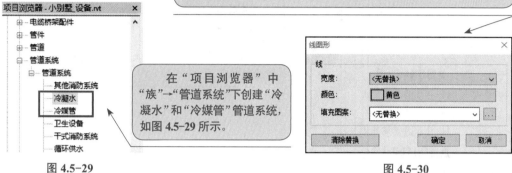

在"项目浏览器"中"族"→"管道系统"下创建"冷凝水"和"冷媒管"管道系统，如图 4.5-29 所示。

图 4.5-29

图 4.5-30

设置完成后的冷凝管与冷媒管，如图 4.5-31 所示。

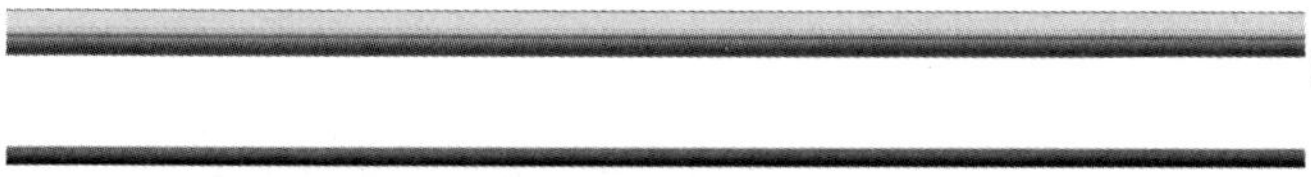

图 4.5-31

（3）绘制管线。打开平面视图"暖通 –B1"，图纸中 H 表示当层天花梁顶标高。

在"系统"选项卡的"卫浴和管道"面板中单击"管道"按钮，在"属性"面板中选择"PVC-U-冷凝水管"选项，如图 4.5-32 所示。

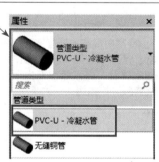

在"属性"面板中设置限制条件以及系统类型，如图 4.5-33 所示。

图 4.5-32

图 4.5-33

在"修改|放置　管道"选项栏中设置"直径"为"25 mm"，"偏移量"为"–530 mm"，如图 4.5-34 所示。

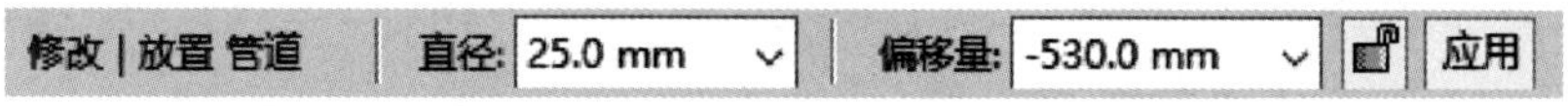

修改 | 放置 管道 ｜ 直径: 25.0 mm ∨ ｜ 偏移量: -530.0 mm ∨ | 应用

图 4.5-34

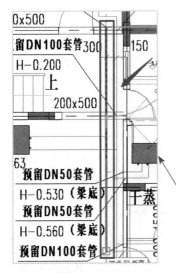

图 4.5-35

绘制②至③号轴线之间的一段支管，如图 4.5-35 所示。绘制完成后，单击选中管道，单击"编辑终点偏移"按钮，将其改为"-570"，这样一段管段就绘制完成。

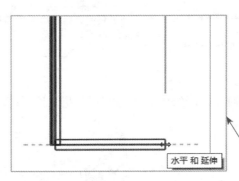

图 4.5-36

继续绘制线管，单击"管道"按钮，不用设置其他条件，单击刚绘制完成的管道末端，按空格键使其继承高程，将鼠标移至管道终点单击即可。用同样的方法，将管道末端的偏移量改为"-575"，如图 4.5-36 所示。

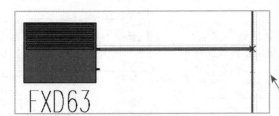

图 4.5-37

将主干管绘制完成后，再使用"管道"命令，将室内机与主干管连接起来。

单击"管道"按钮，单击室内机连接件，按空格键，将鼠标移至主干管后再单击鼠标即可，如图 4.5-37 所示。

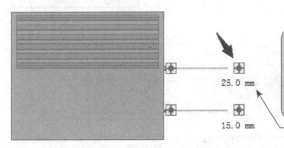

图 4.5-38

应注意的是，在这里不要使用室内机提供的"创建管道"命令绘制，如图 4.5-38 所示。若使用该命令绘制管道，则该设备也会被赋予系统类型，后面做过滤器时不方便控制显示。

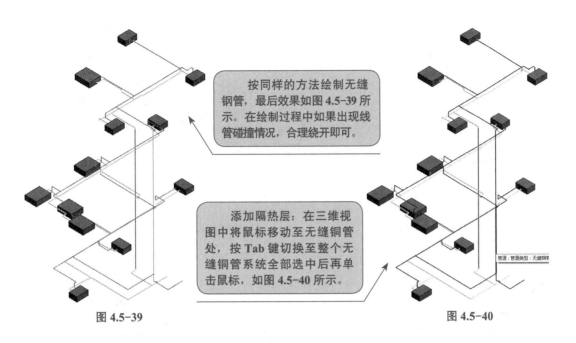

按同样的方法绘制无缝钢管，最后效果如图 4.5-39 所示。在绘制过程中如果出现线管碰撞情况，合理绕开即可。

图 4.5-39

添加隔热层：在三维视图中将鼠标移动至无缝铜管处，按 Tab 键切换至整个无缝铜管系统全部选中后再单击鼠标，如图 4.5-40 所示。

图 4.5-40

选中全部无缝铜管后在"修改|选择多个"选项卡的"管道隔热层"面板中单击"添加隔热层"按钮，如图 4.5-41 所示。

图 4.5-41

图 4.5-42

设计说明要求隔热层采用"管壳发泡橡塑材料"，故需新建一个材质，在"添加管道隔热层"对话框中单击"编辑类型"按钮，如图 4.5-42 所示。

图 4.5-43

系统弹出"类型属性"对话框，在对话框中单击"复制"按钮，将名称设置为"管壳发泡橡塑"，如图 4.5-43 所示。

图 4.5-44

> 创建新的隔热层类型后，单击"材质浏览器"对话框中的激活按钮，如图 4.5-44 所示。

图 4.5-45

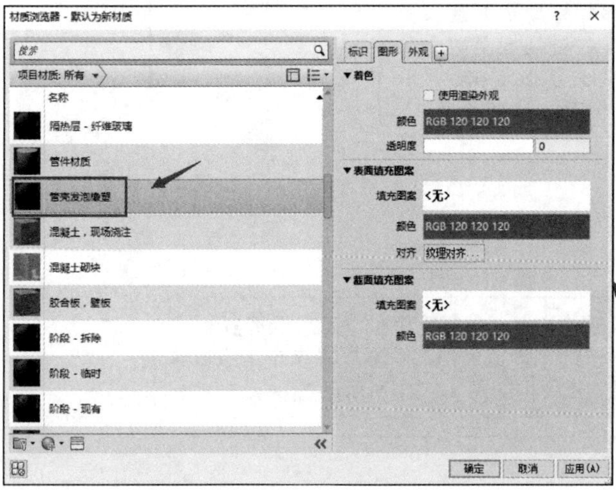

> 系统弹出"材质浏览器"对话框，选择"管壳发泡橡塑"选项，单击"确定"按钮，如图 4.5-45 所示（注：材质的创建方法详见第三章 第一节"一、墙体的设置与材质的编辑"）。

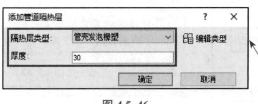

图 4.5-46

> 设置隔热层厚度为 30 mm，单击"确定"按钮即可，如图 4.5-46 所示。

图 4.5-47

> 按同样的方法，设置冷凝水管的保温层，按设计说明要求，其厚度为 15 mm，如图 4.5-47 所示。

（4）添加过滤器。设置过滤器的条件有多种方法，可根据项目要求选择使用。本案例中只需设置过滤器来控制其显示状态，故将管道保存为集合后添加成为过滤器即可。

在三维视图中，用鼠标选中"无缝铜管"后按 **Tab** 键切换至选中整个冷媒管系统，在"修改 | 选择多个"选项卡的"选择"面板中单击"保存"按钮，如图 4.5-48 所示。

系统弹出"保存选择"对话框后将其命名为"冷媒管"，如图 4.5-49 所示。以同样的操作保存"冷凝管"和"内藏风管式室内机"。

图 4.5-48

图 4.5-49

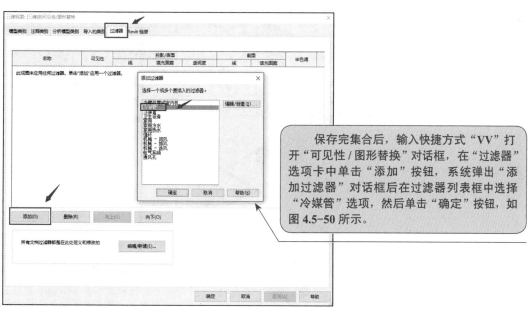

保存完集合后，输入快捷方式"VV"打开"可见性 / 图形替换"对话框，在"过滤器"选项卡中单击"添加"按钮，系统弹出"添加过滤器"对话框后在过滤器列表框中选择"冷媒管"选项，然后单击"确定"按钮，如图 4.5-50 所示。

图 4.5-50

添加完所有过滤器后，如图 4.5-51 所示。

名称	可见性	投影/表面			截面		半色调
		线	填充图案	透明度	线	填充图案	
冷凝管	☑						☐
内藏风管式室内机	☑	替换...	替换...	替换...			☐
冷媒管	☑						☐

图 4.5-51

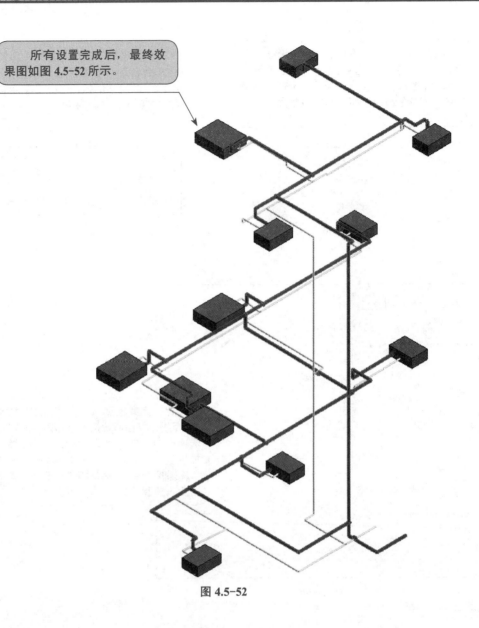

所有设置完成后，最终效果图如图 4.5-52 所示。

图 4.5-52

第六节 Revit MEP 练习

一、管道的绘制

参照图 4.6-1 绘制管道，具体要求如下：

（1）管道尺寸均为 *DN*50 mm，管道标高为 0.00 m。

（2）利用过滤器定义三维视图中的管道颜色（热水管用红色表示，冷水管用蓝色表示）。

（3）解决其中的碰撞问题。

（a）

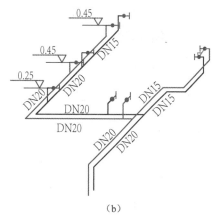

图 4.6-1

（a）平面图；（b）系统图

二、风管的绘制

参照图 4.6-2 绘制风管，具体要求如下：

（1）根据给出的尺寸绘制风管，风管底部标高为 2.5m。

（2）放置送风百叶。

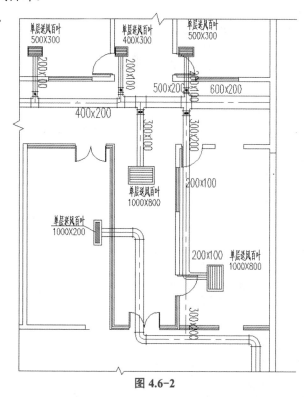

图 4.6-2

三、电缆桥架的绘制

参照图 4.6-3 绘制电缆桥架，具体要求如下：

（1）据图中尺寸绘制桥架。

（2）电缆桥架的标高为 2.8 m。

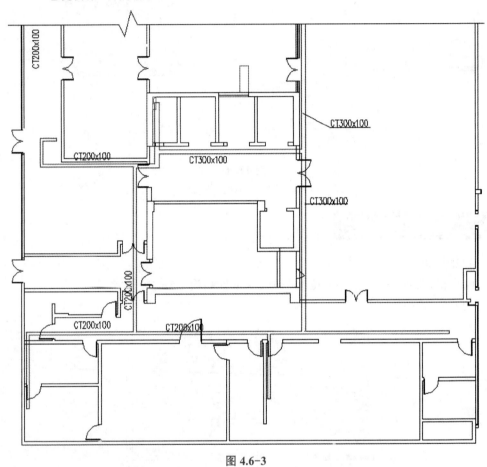

图 4.6-3

CHAPTER

05

第 五 章

案例展示

第一节　博物馆案例模型

本案例模型为博物馆，地下一层，地上四层，其丰富的幕墙系统、内部特有的建筑空间及形体的独特设计使这栋博物馆建筑显得更加现代化。观光楼梯是本建筑的特设，其四周及顶板全采用幕墙，楼梯部分由钢结构组成。在建模过程中，幕墙系统较为异形，若采用幕墙命令则无法完成观光楼梯部分的幕墙建模，因此，全部采用体量幕墙系统来创建，解决了异形构件创建的难题。

一、博物馆外观展示

博物馆外观展示如图 5.1-1 ～图 5.1-3 所示。

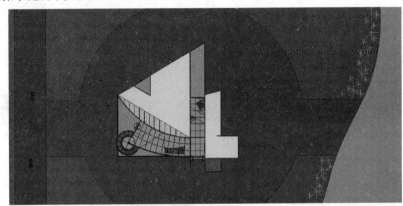

图 5.1-1

图 5.1-2

图 5.1-3

二、博物馆内部楼层展示

博物馆内部楼层展示如图 5.1-4 ～ 图 5.1-12 所示。其中图 5.1-4 所示为地下一层轴测图，图 5.1-5 所示为首层轴测图，图 5.1-6 所示为二层轴测图，图 5.1-7 所示为三层轴测图，图 5.1-8 所示为四层轴测图，图 5.1-9 所示为整体效果三维视图，图 5.1-10 和图 5.1-11 所示分别为观光楼梯和幕墙系统效果图，图 5.1-12 所示为内部剖面效果图。

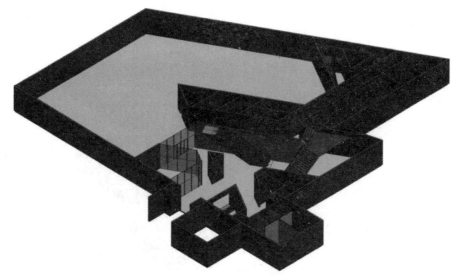

图 5.1-4

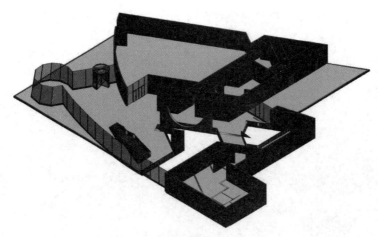

图 5.1-5

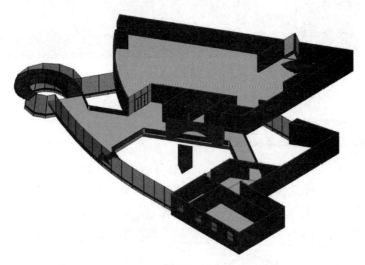

图 5.1-6

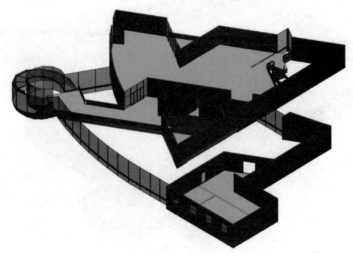

图 5.1-7

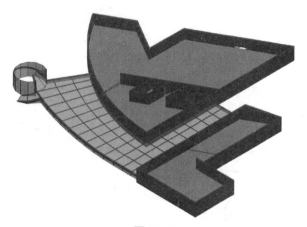

图 5.1-8

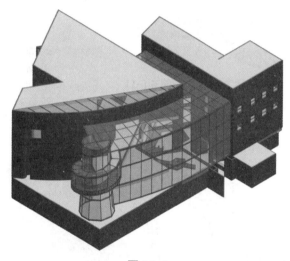

图 5.1-9

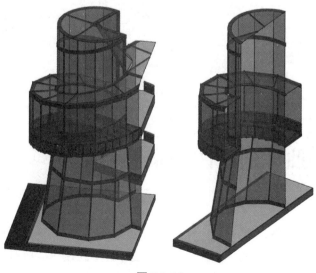

图 5.1-10

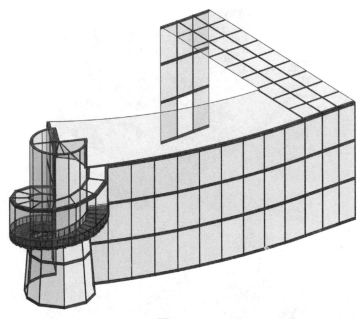

图 5.1-11

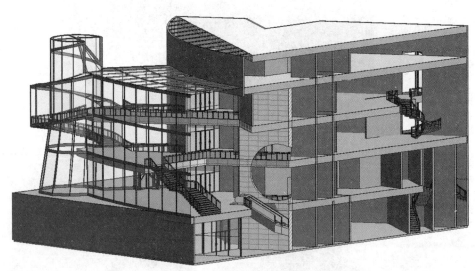

图 5.1-12

第二节 独栋别墅住宅案例模型

　　本案例为一套独栋小别墅，地上两层，总构件较多。与其他别墅模型差别较大的是其楼板采用木排架结构，中间夹保温层，在建模过程中绘制木梁阵列即可。在副楼处屋顶隔板支撑采用桁架结构，可绘制族再导入放置。其余构件绘制过程均较为简单。

一、整体效果展示

整体效果三维视图如图 5.2-1 所示。

图 5.2-1

二、内部展示

内部展示如图 5.2-2 ～图 5.2-9 所示。其中图 5.2-2 和图 5.2-3 所示为内部构造示意，图 5.2-4 所示为首层平面图，图 5.2-5 所示为卫生剖面图，图 5.2-6 所示为楼梯剖面图，图 5.2-7 所示为桁架效果图，图 5.2-8 所示为桁架族效果图，图 5.2-9 所示为楼板排架效果图。

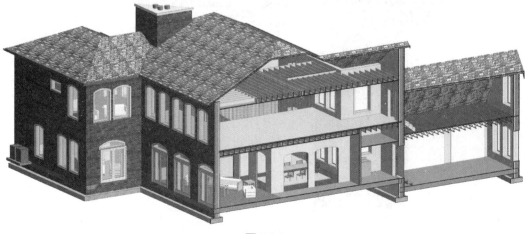

图 5.2-2

205

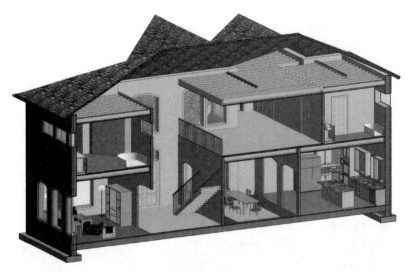

图 5.2-3

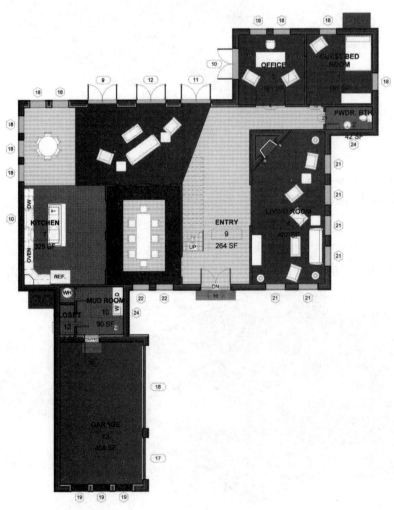

图 5.2-4

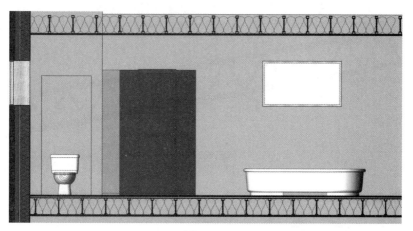

图 5.2-5

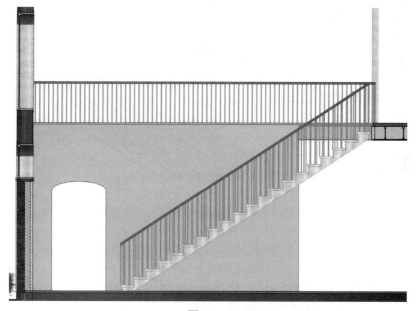

图 5.2-6

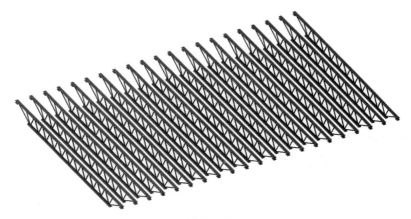

图 5.2-7

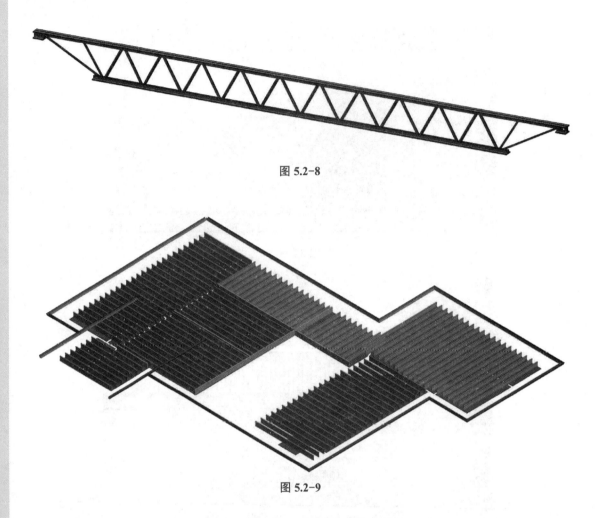

图 5.2-8

图 5.2-9

机电房设备模型

本案例为某机电房设备模型，此模型虽然较为小型，但其管道排布较为密集，阀门数量较多，在建立模型时有两点成为本案例的难点：一是需要解决管道的碰撞问题；二是需要考虑阀门处预留空间的问题。

一、整体效果展示

机电房设备整体效果如图 5.3-1 所示。

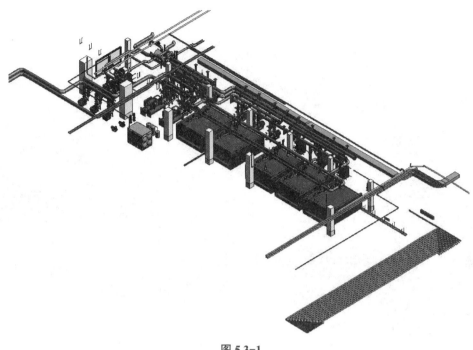

图 5.3-1

二、内部效果展示

机电房设备内部效果展示如图 5.3-2 ~ 图 5.3-4 所示。其中图 5.3-2 所示为内部展示，图 5.3-3 所示为剖面展示，图 5.3-4 所示为阀门密集处展示。

图 5.3-2

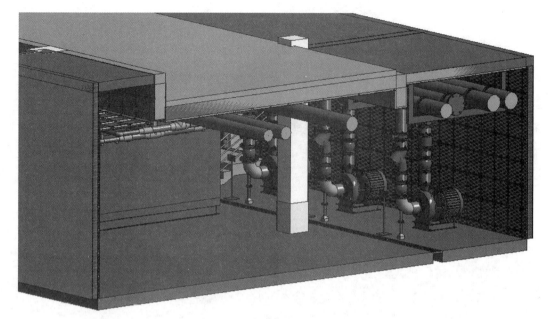

图 5.3-3

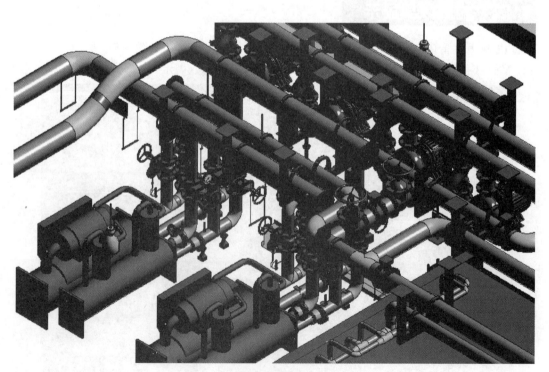

图 5.3-4

三、设备族

设备族效果如图 5.3-5 所示。

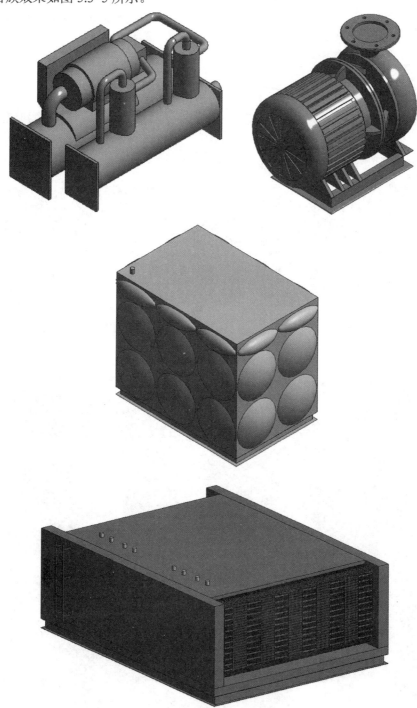

图 5.3-5

四、碰撞问题解决

碰撞问题解决如图 5.3-6 和图 5.3-7 所示。

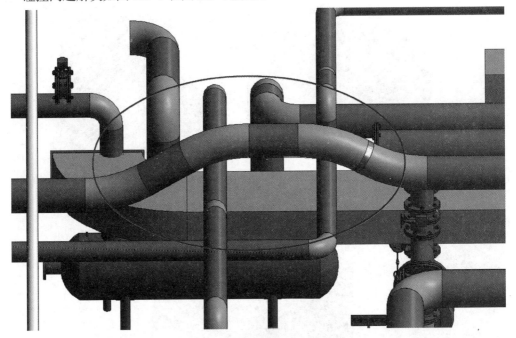

图 5.3-6

图 5.3-7

附录　Revit 软件界面各图标的作用及常用快捷方式

快捷方式	图标	绘图命令	作用
AL		对齐	可以将一个或多个图元与选定的图元对齐，也可以将被对齐的图元（或线）锁定到对齐目标的位置
OF		偏移	将选定的图元（如线、墙或梁）复制或移动到其长度的垂直方向
MM		镜像－拾取轴	使用现有线或边作为镜像轴来反转选定图元的位置
DM		镜像－绘制轴	绘制一条临时线，用作镜像轴
MV		移动	将选定图元移动到当前视图中指定的位置
CO		复制	复制选定图元并将它们放置在当前视图中指定的位置
RO		旋转	绕轴旋转选定图元
TR		修剪／延伸为角	修剪或延伸图元（如墙或梁），以形成一个角
－		修剪／延伸单个图元	修剪或延伸一个图元（如墙、线或梁）到其他图元定义的边界
－		修剪／延伸多个图元	修剪或延伸多个图元（如墙、线或梁）到其他图元定义的边界
SL		拆分图元	在选定点剪切图元（如墙或线），或删除两点之间的线段
－		用间隙拆分	将墙拆分成之间已定义间隙的两面单独的墙
AR		阵列	创建选定图元的线性阵列或半径阵列
RE		缩放	调整选定项的大小
UP		解锁	解锁模型图元，使其可以移动
PN		锁定	将模型图元锁定到位
DE		删除	从建筑模型中删除选定图元
－		置换图元	创建特定于视图的模型图元表示，可以在视图中替代
BX		选择框	隔离当前视图中选定的图元（如三维等轴测视图）或默认的三维视图
LW		线处理	仅用于替换活动视图中的选定线的线样式
－		测量两个参照物之间的距离	测量两个图元或其他参照物之间的距离
DI		对齐尺寸标注	在平行参照点之间或多点之间放置尺寸标注

快捷方式	图标	绘图命令	作用
–		线性尺寸标注	放置水平或垂直标注，以便测量参照点之间的距离
–		角度尺寸标注	放置尺寸标注，以便测量共享公共交点的参照点之间的角度
–		径向尺寸标注	放置一个尺寸标注，以便测量内部曲线或圆角的半径
–		直径尺寸标注	放置一个表示圆弧或圆的直径的尺寸标注
–		弧长	放置一个尺寸标注，以便测量弯曲墙或其他图元的长度
EL		高程点	显示选定点的高程
–		高程点坐标	显示项目中点的"北/南"和"东/西"坐标
–		高程点坡度	在模型图元的面或边上的特定点处显示坡度
–		创建部件	从在绘图区域选择的图元中创建部件
–		创建零件	从选定图元的图层或子构件中创建零件
GP		创建组	创建一组图元以便重复使用
CS	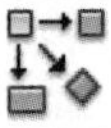	创建类似	放置与选定图元类型相同的图元
–		选择链接	选择链接及其图元
–		选择基线图元	在视图的基线中选择图元
–		选择锁定图元	选择视图中固定的图元
–		按面选择图元	通过单击某个面，而不是单击边，来选中某个图元
–		选择时拖拽图元	无须先选择图元即可拖拽
–		优化在视图中选定的图元类别	显示已选中的图元个数
–	1：100	视图比例	自由调节视图中的比例
–		详细程度	切换粗略、中等和精细3种不同的详细程度
–		视觉样式	—
–		打开/关闭日光路径	—

续表

快捷方式	图标	绘图命令	作用
—		打开／关闭阴影	显示图元在当前日光路径下的阴影
—		裁剪视图	—
—		显示裁剪区域	—
—		临时隐藏／隔离	—
—		显示隐藏的图元	—
—		临时视图属性	—
—		隐藏分析模型	显示及隐藏分析模型
—		显示约束	显示被锁定的标注
—		工作集	创建工作集并将图元添加到该工作集

参 考 文 献

［1］邓兴龙．BIM 技术应用基础·施工图设计［M］．广东：华南理工大学出版社，2017．

［2］Autodesk Asia Pte Ltd．Autodesk Revit MEP 2012 应用宝典［M］．上海：同济大学出版社，2012．

［3］秦军，王延熙．Autodesk Revit Architecture 2008 实战全攻略［M］．北京：化学工业出版社，2008．

［4］Autodesk，Inc．Autodesk Revit MEP 2014 管线综合设计应用［M］．北京：电子工业出版社，2014．

［5］王子若．Revit 2013 电气设计宝典［M］．北京：清华大学出版社，2013．

练习一

按照图纸所示，新建项目文件，创建模型，对未标明尺寸与材质处不作明确要求。

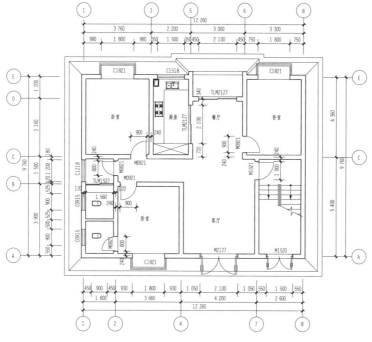

一层平面图 1：100

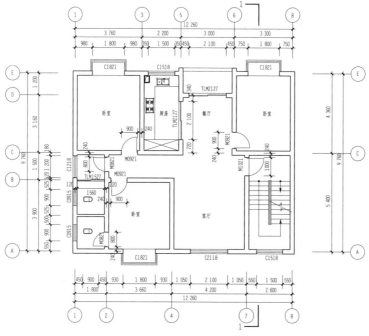

二层平面图 1：100

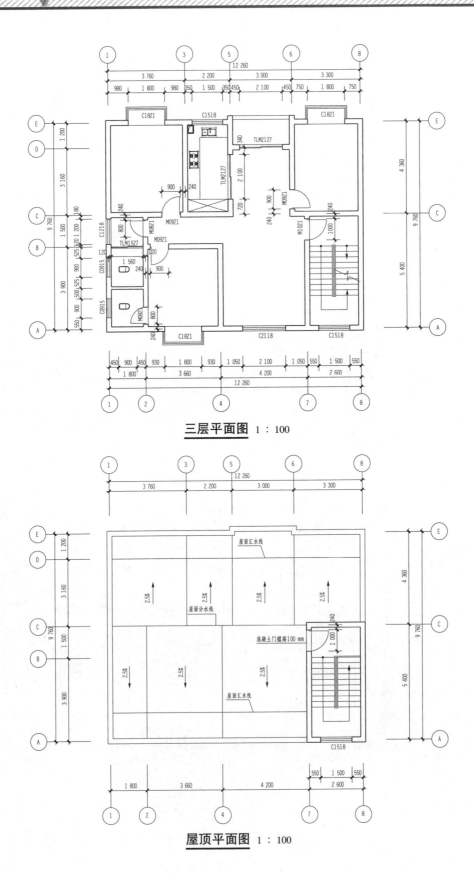

三层平面图 1：100

屋顶平面图 1：100

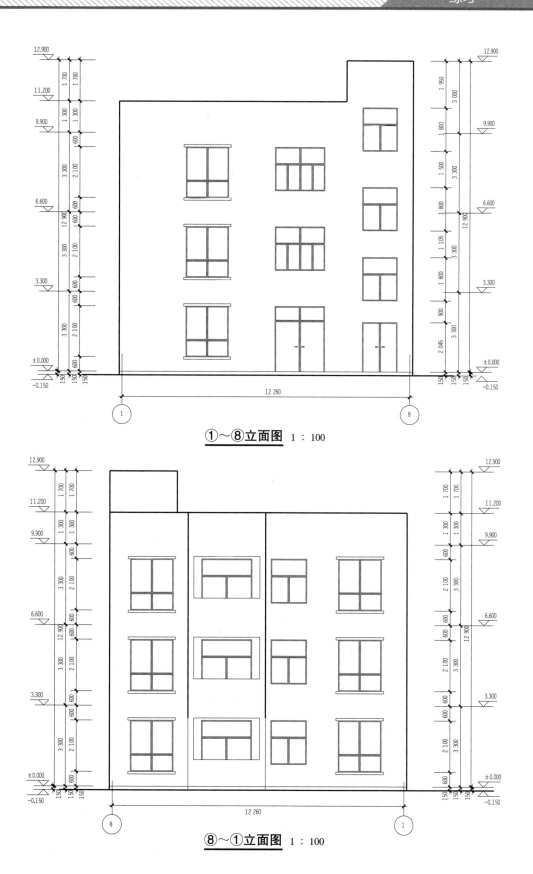

①～⑧立面图 1：100

⑧～①立面图 1：100

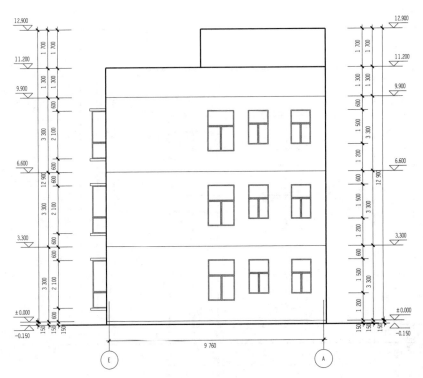

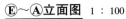

Ⓔ～Ⓐ立面图 1：100

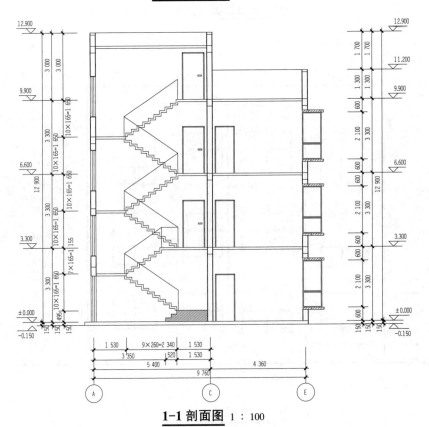

1-1 剖面图 1：100

练习二

按照图纸所示，新建项目文件，创建模型，对未标明尺寸与材质处不作明确要求。

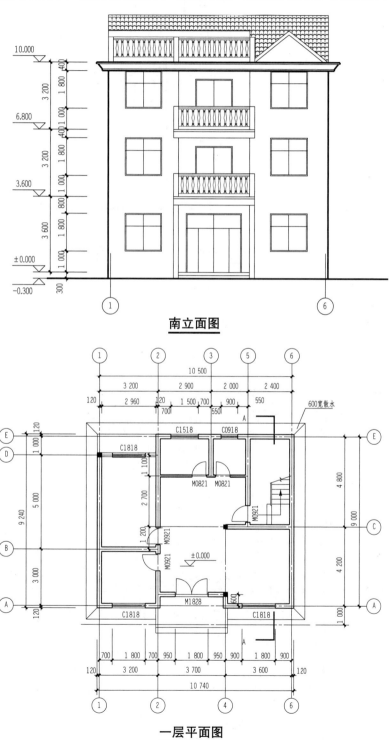

南立面图

一层平面图

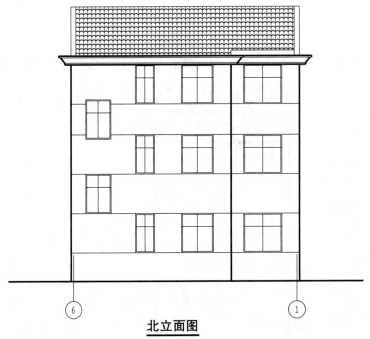

北立面图

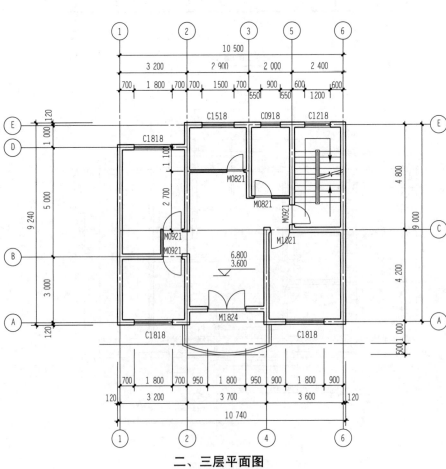

二、三层平面图

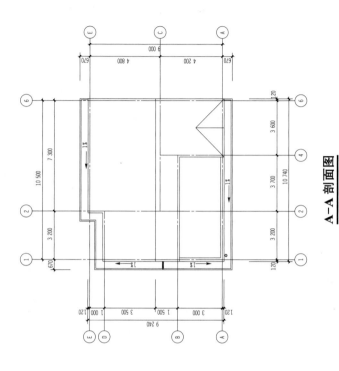

A－A 剖面图

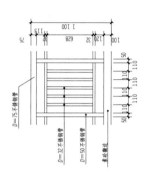

楼梯平台杆详图

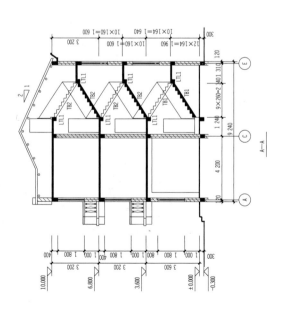

屋面平面图

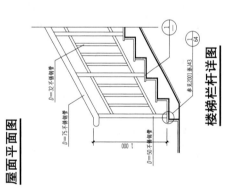

楼梯栏杆详图

练习三

按照图纸所示，新建项目文件，创建卫生间给排水模型，对未标明尺寸与材质处不作明确要求。

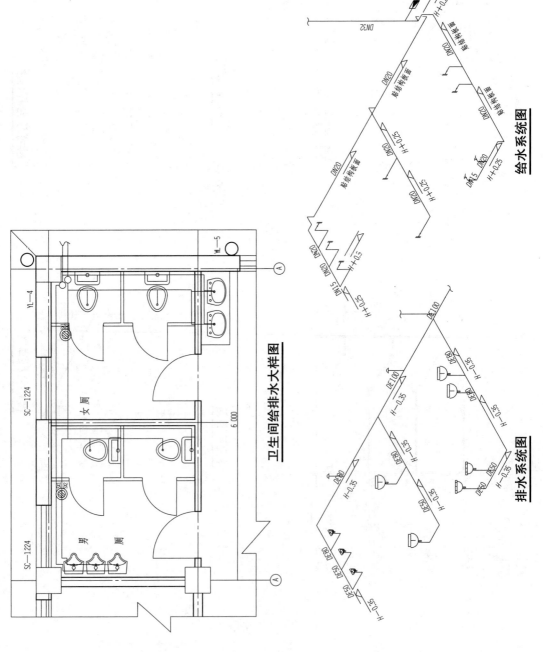

卫生间给排水大样图

给水系统图

排水系统图

练习四

按照给定图纸新建 Revit 模型。

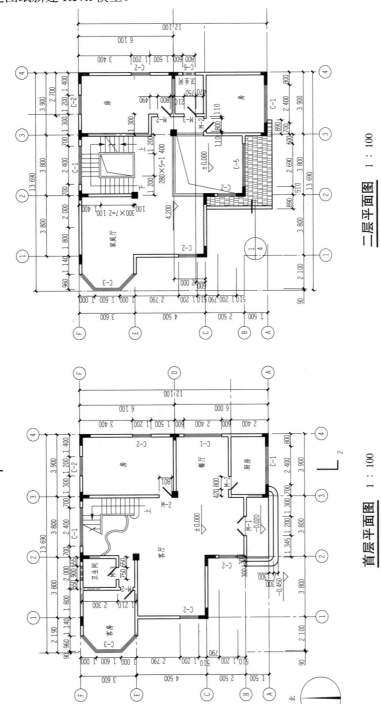

二层平面图 1∶100

首层平面图 1∶100

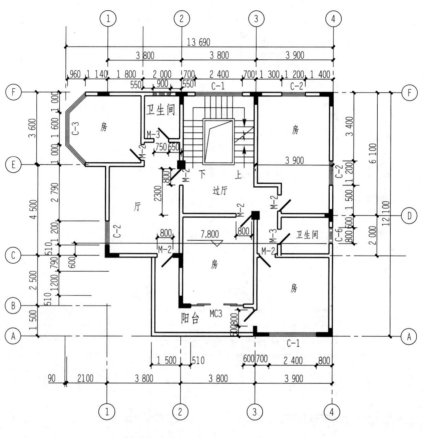

三层平面图　　1：100

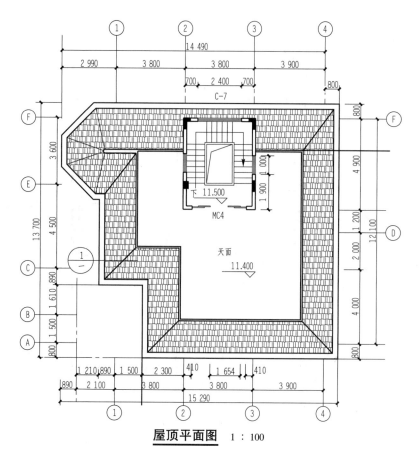

屋顶平面图 1：100

门窗表

设计编号	洞口尺寸		备注
	宽	高	
M1	1 200	3 000	实木大门
M2	800	2 100	实板木门
M3	750	2 000	夹板木门
GM1	2 890	2 600	钢卷闸门
CM1	1 600	2 100	奶黄色钢塑框，10厚浅黄色玻璃门
MC2	1 600	2 100	奶黄色钢塑框，10厚浅黄色玻璃门
MC3	2 690	3 000	奶黄色钢塑框，10厚浅黄色玻璃门
C1	2 400	2 400	奶黄色钢塑框，5厚浅黄色玻璃门
C2	1 200	2 400	奶黄色钢塑框，5厚浅黄色玻璃门
C3	4 320	2 400	奶黄色钢塑框，5厚浅黄色玻璃门
C4	900	1 700	奶黄色钢塑框，5厚浅黄色玻璃门，高窗
C5	2 690	2 400	奶黄色钢塑框，5厚浅黄色玻璃门，高窗
C6	900	1 400	奶黄色钢塑框，5厚浅黄色玻璃门，高窗
C7	2 400	1 600	奶黄色钢塑框，5厚浅黄色玻璃门
C8	φ1 000		奶黄色钢塑框，5厚浅黄色玻璃门

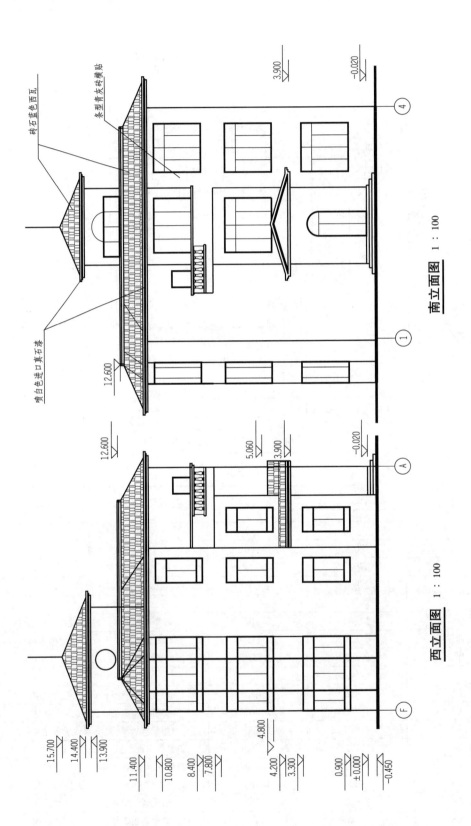

砖石蓝色面瓦

条型夹砖横贴

喷白色进口真石漆

12.600

3.900

−0.020

④ ① 南立面图 1 : 100

12.600

5.060

3.900

−0.020

Ⓐ Ⓕ 西立面图 1 : 100

15.700
14.400
13.900

11.400
10.800
8.400
7.800

4.800
4.200
3.300

0.900
±0.000
−0.450

楼屋顶平面图 1 : 100

2-2 剖面图 1 : 100

练习五

根据给定图纸绘制 Revit 模型。

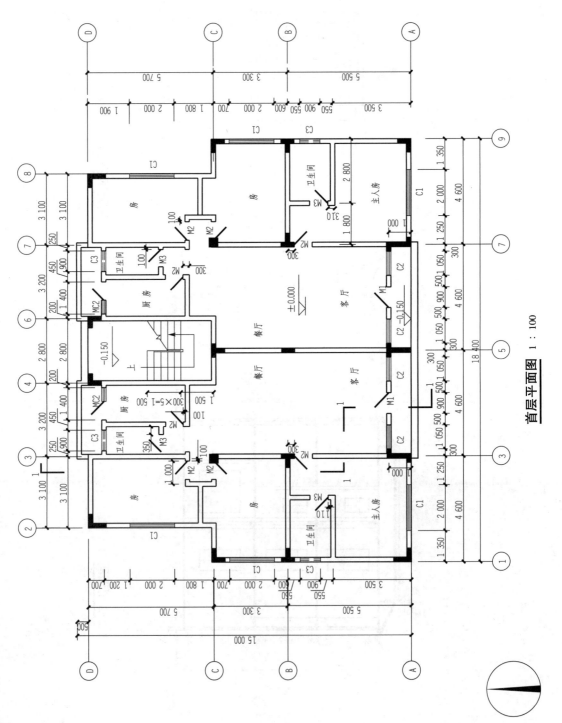

首层平面图 1 : 100

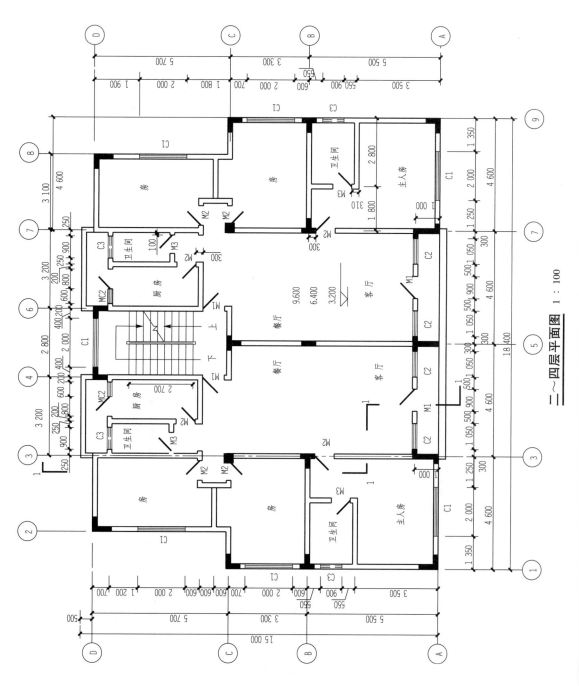

二～四层平面图 1 : 100

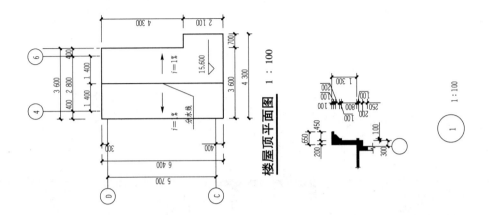

楼屋顶平面图 1：100

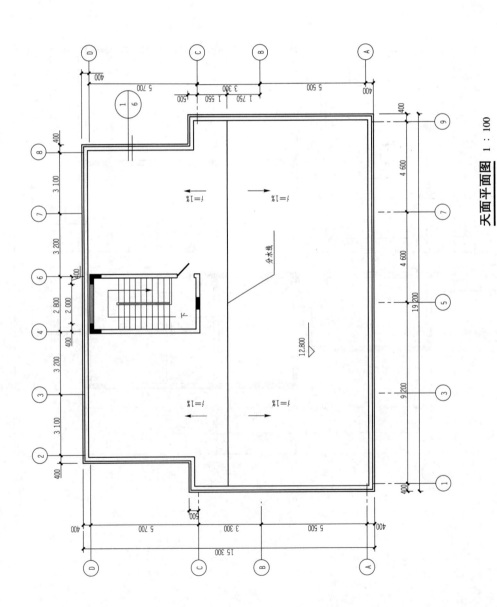

天面平面图 1：100

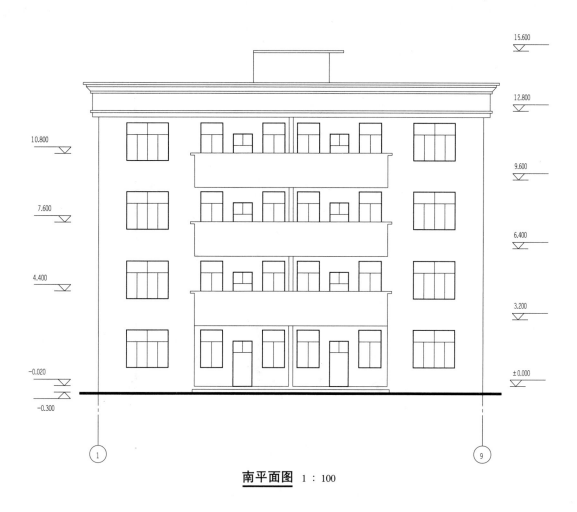

南平面图 1∶100

门窗表

设计编号	洞口尺寸		备注
	宽	高	
M1	900	2 100	实木大门
M2	800	2 100	实板木门
M3	750	2 000	夹板木门
MC1	3 200	2 650	奶黄色钢塑框 10厚浅绿色玻璃门
MC2	1 400	2 650	奶黄色钢塑框 10厚浅绿色玻璃门
C1	2 000	1 750	奶黄色钢塑框 5厚浅绿色玻璃窗
C2	1 050	1 750	奶黄色钢塑框 5厚浅绿色玻璃窗
C3	900	1 050	奶黄色钢塑框 5厚浅绿色玻璃窗（高窗）

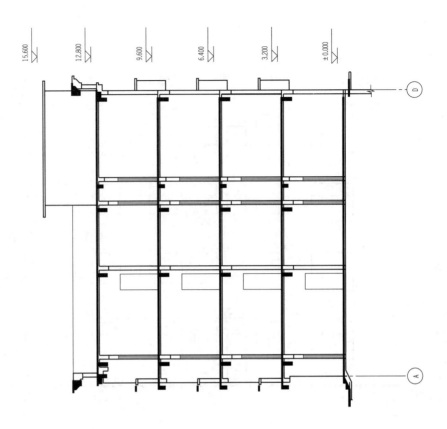

1-1 剖面图 1 : 100

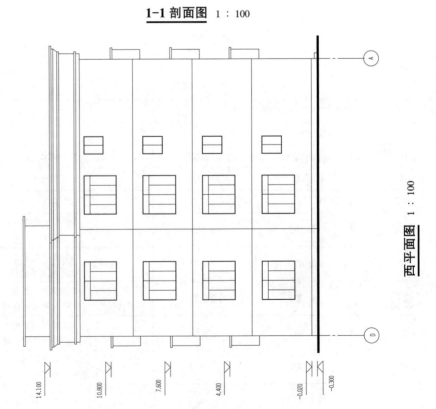

西立面图 1 : 100